MINISTÈRE DU COMMERCE, DE L'INDUSTRIE
DES POSTES ET DES TÉLÉGRAPHES

EXPOSITION UNIVERSELLE INTERNATIONALE DE 1900
À PARIS

RAPPORTS
DU JURY INTERNATIONAL

Classe 39. — Produits agricoles alimentaires d'origine végétale

RAPPORT DE M. JULES HÉLOT

AGRICULTEUR, FABRICANT DE SUCRE
SECRÉTAIRE GÉNÉRAL HONORAIRE DU SYNDICAT DES FABRICANTS DE SUCRE DE FRANCE
VICE-PRÉSIDENT DE LA CHAMBRE DE COMMERCE DE CAMBRAI

PARIS

IMPRIMERIE NATIONALE

M CMII

RAPPORTS DU JURY INTERNATIONAL

DE

L'EXPOSITION UNIVERSELLE DE 1900

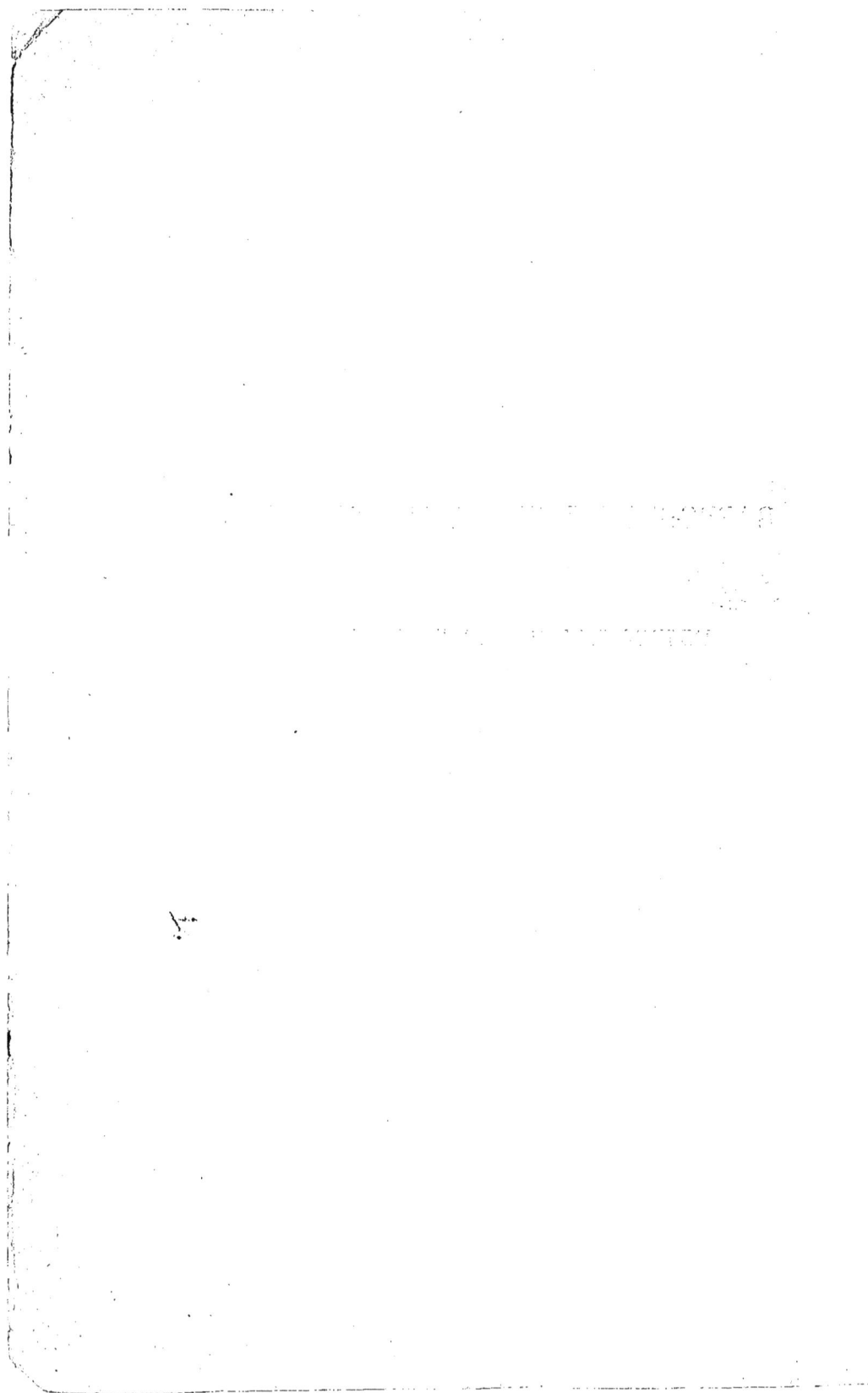

MINISTÈRE DU COMMERCE, DE L'INDUSTRIE
DES POSTES ET DES TÉLÉGRAPHES

EXPOSITION UNIVERSELLE INTERNATIONALE DE 1900
À PARIS

RAPPORTS
DU JURY INTERNATIONAL

Classe 39. — Produits agricoles alimentaires d'origine végétale

RAPPORT DE M. JULES HÉLOT

AGRICULTEUR, FABRICANT DE SUCRE
SECRÉTAIRE GÉNÉRAL HONORAIRE DU SYNDICAT DES FABRICANTS DE SUCRE DE FRANCE
VICE-PRÉSIDENT DE LA CHAMBRE DE COMMERCE DE CAMBRAI

PARIS

IMPRIMERIE NATIONALE

M CMII

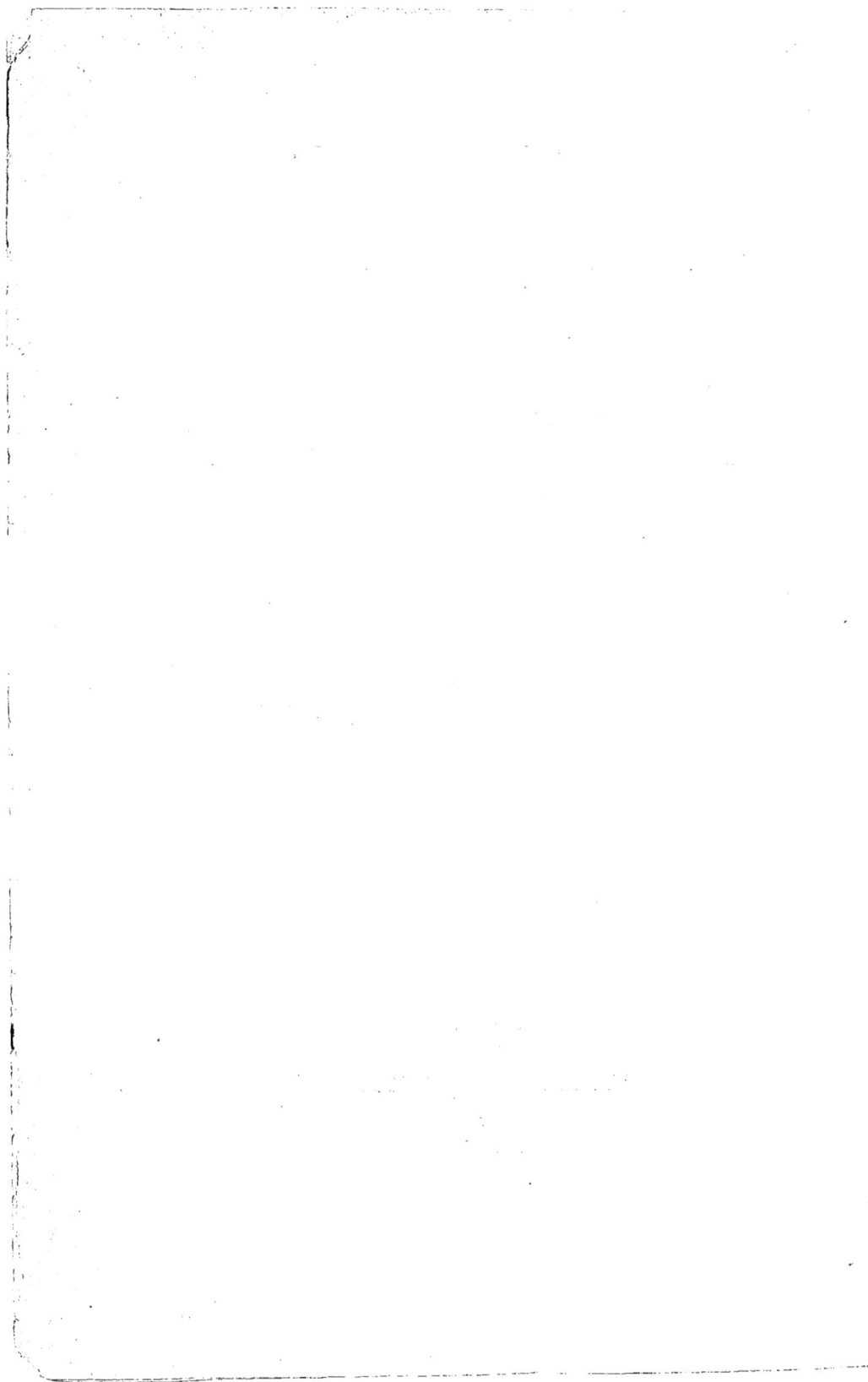

CLASSE 39

Produits agricoles alimentaires d'origine végétale

RAPPORT DU JURY INTERNATIONAL

PAR

M. JULES HÉLOT

AGRICULTEUR, FABRICANT DE SUCRE
SECRÉTAIRE GÉNÉRAL HONORAIRE DU SYNDICAT DES FABRICANTS DE SUCRE DE FRANCE
VICE-PRÉSIDENT DE LA CHAMBRE DE COMMERCE DE CAMBRAI

IMPRIMERIE NATIONALE

COMPOSITION DU JURY.

BUREAU.

MM. Jonnart (Charles), député du Pas-de-Calais, ancien Ministre des travaux publics (président des comités, Paris 1900), *président* . . . . — France.

Porcar y Rindor (Manuel), exportateur, *vice-président* . . . . — Espagne.

Hélot (Jules), agriculteur, fabricant de sucre, secrétaire général honoraire du Syndicat des fabricants de sucre de France, vice-président de la Chambre de commerce de Cambrai (rapporteur des comités, Paris 1900), *rapporteur* . . . . — France.

Hirsch (Alfred), houblons [maison Henri Hirsch et fils] (comités, Paris 1900), *secrétaire* . . . . — France.

JURÉS TITULAIRES FRANÇAIS.

Bachelet (É.), président du Syndicat agricole de l'arrondissement d'Arras. — France.

Barbedette (Frédéric), conseiller général à Djijelli (Algérie), propriétaire... — France.

Barielle (J.), huiles d'olive . . . . — France.

Béri (Édouard), huiles d'olive [maison Béri, Lacan, Passeron et Cⁱᵉ] . . . . — France.

Bouchon (Albert), agriculteur, fabrique et raffinerie de sucre (comités, Paris 1900). . . . . — France.

Brunehant (Louis), agriculteur, président du Comice agricole de Soissons (comités, Paris 1900). . . . . — France.

Crété (Maurice), propriétaire (Tunisie). . . . . — France.

Desmarais (Paul), huiles comestibles d'origine végétale (comités, Paris 1900). . . . . — France.

Fouquier d'Hérouel (René), agriculteur producteur de graines de betteraves à sucres, vice-président du Syndicat agricole de Laon (secrétaire des comités, Paris 1900). . . . . — France.

Garres (Jules), huiles d'olive [maisons J. et H. Garres-Fouché] (comités, Paris 1900). . . . . — France.

Giraud, propriétaire à Blidah (Algérie). . . . . — France.

Gonthier (Pierre), grains, graines et fourrages (comités d'admission, Paris 1900). . . . . — France.

Labrierre (Alfred), président de la Chambre syndicale des grains et fourrages de Paris et départements (comités d'admission, Paris 1900). . . . . — France.

Lefèvre (Jules), ancien vice-président de la Chambre syndicale des grains, graines, farines et huiles (comités, Paris 1900). . . . . — France.

Lepeuple (Paul), ancien président de la Société des agriculteurs du Nord.. — France.

Leydet (Victor), sénateur des Bouches-du-Rhône, huiles (hors concours, Paris 1889; comités, Paris 1900). . . . . — France.

de Martel (le marquis Charles), conseiller général du Loiret, fondateur et ancien président de la Société d'agriculture de Pithiviers (comités d'admission, Paris 1900). . . . . — France.

Potié (Auguste), président de la Société des agriculteurs du Nord . . . . . . — France.

Pourrière (Oswald), représentant de la Société agricole et immobilière franco-africaine à Enfida . . . . — Tunisie.

1.

MM. Priou (Louis), propriétaire (Algérie).......................... France.

Radot (Émile), agriculteur, poteries de bâtiment et de jardin (comités, Paris 1889; comité d'installation, Paris 1900), président du tribunal de commerce de Corbeil.................................. France.

Valéry (Jean), huiles....................................... France.

JURÉS TITULAIRES ÉTRANGERS.

le docteur Wittmack, conseiller intime, professeur à l'École supérieure d'agriculture de Berlin.................................... Allemagne.

de la Fargue (Maurice), conseiller du commerce extérieur de la France, commissaire adjoint de Bulgarie à l'Exposition de 1900............ Bulgarie.

le docteur Mène... Corée.

Manzano Torres (Teofilo), agriculteur (jury, Paris 1889)............ Équateur.

Carleton (M. A.), attaché au Département national d'agriculture........ États-Unis.

Perrault (J.-X.), diplômé de l'École de Grignon, commissaire du Canada à l'Exposition de 1900.................................. Grande-Bretagne.

Roma (G.), propriétaire, député, président de la Commission des affaires étrangères.. Grèce.

Mangel (Théodore), délégué par les planteurs de Guatémala.......... Guatémala.

Deininger de Komorra (Emeric), conseiller royal, directeur agronome au Ministère de l'agriculture................................ Hongrie.

Danési (Léobald), professeur, inspecteur supérieur du Ministère de l'agriculture.. Italie.

Segura (José C.), ingénieur agronome, directeur de l'École nationale d'agriculture (jury, Paris 1889)............................ Mexique.

Pector (Désiré), commissionnaire............................ Nicaragua.

le docteur Guilherne Fisher Berquo Pocas Falcào, agriculteur.......... Portugal.

Lobo d'Almada Negreiros (Antonio), membre de l'Académie royale des sciences de Lisbonne.................................... Portugal.

Nicoléáno (Georges), directeur du Service de l'agriculture au Ministère de l'agriculture, de l'industrie, du commerce et des domaines de Roumanie.. Roumanie.

le baron Steinheil (Wladimir), propriétaire foncier................. Russie.

German-Ribon y del Corral (Tomas), agriculteur.................. Salvador.

Leduc (Alphonse)....................................... Siam.

Kapetanovich (Milan), professeur à l'École polytechnique de Belgrade, commissaire adjoint de Serbie.............................. Serbie.

JURÉ SUPPLÉANT FRANÇAIS.

Delhorbe (Clément), secrétaire général du Comité de Madagascar, membre du Conseil supérieur des Colonies (comité d'admission, Paris 1900)... France.

JURÉS SUPPLÉANTS ÉTRANGERS.

Demel (J.), professeur à Prague............................. Autriche.

Le Clerc (J.-A.), attaché au Département agricole................. États-Unis.

Renton (J.-H.)... Grande-Bretagne.

Waller (F. G.), directeur de la fabrique néerlandaise de levure et d'alcool à Delft... Pays-Bas.

Strohmsdörfer (F.)....................................... Pérou.

Cartaza (Paul).. Pérou.

PRODUITS AGRICOLES ALIMENTAIRES
D'ORIGINE VÉGÉTALE.

INTRODUCTION.

L'industrie du sol, la plus importante, celle qui restera la première source de civilisation parce qu'elle est la première à s'implanter, sera toujours aussi la base de la prospérité. De plus, sa naissance et son développement dans les pays neufs forçant les anciens à perfectionner leurs moyens d'action pour produire de plus en plus économiquement elle devient ainsi la principale cause du progrès des peuples.

De là l'intérêt primordial qu'il y a à en marquer de temps en temps la situation et les progrès.

C'est à une partie de cette vaste tâche que nous consacrons ce rapport, dont le but est d'établir à l'aurore du nouveau siècle, pour les différents peuples, l'état de la production agricole alimentaire d'origine végétale tel qu'il ressort de la grande manifestation qui vient de prendre fin.

L'Exposition universelle de 1900 qui fut un véritable enchantement et un enseignement si précieux aux 50 millions de visiteurs assez privilégiés pour la contempler, doit survivre aux splendeurs de l'exhibition par les leçons qu'elle a laissées, et profiter aussi à ceux qui n'ont pu jouir du spectacle sans précédent qu'elle a offert durant sept mois.

Il importe également de mesurer, pour le monde entier, le résultat des efforts que le génie et l'activité de l'homme ont accumulés jusqu'au xxᵉ siècle afin de fixer pour l'avenir le point de départ des nouveaux progrès.

Le xixᵉ siècle a vu naître la chimie agricole qui justifie certaines pratiques empiriques, mais qui surtout a permis de combattre des préjugés séculaires et de supprimer par cela même la routine des paysans.

Aux miracles enfantés par la science agronomique pendant ces dernières années, il faut un inventaire qui récapitulera les merveilles soumises au jugement de tous du 15 avril au 15 novembre 1900.

Les conditions de production des pays même les plus éloignés doivent être connues et vulgarisées, car la suppression des distances par la vapeur et l'électricité lie la prospérité économique de chaque État à l'évolution qui se manifeste même aux antipodes.

L'œuvre des agronomes se confond ici avec celle des économistes pour bien déterminer les situations respectives des différentes nations, pour établir la solidarité des intérêts

communs et préciser les besoins de chacun en face d'une inévitable concurrence internationale.

L'universalité des pays qui ont pris part au grand concours de cette fin de siècle
permet du reste un parallèle qui sera la leçon de chose rêvée par les éminents organisateurs de l'inoubliable spectacle auquel nous venons d'assister.

Je chercherai donc à établir les ressources actuelles de chaque nation avec le désir
que des notices données sur les principaux exposants il soit possible de déduire la
marche à suivre pour unir les éléments qui devront engendrer la prospérité de chacun.
Il ne faut pas s'exagérer les difficultés de l'avenir, mais il importe de bien connaître
les obstacles à surmonter pour ne pas succomber dans la lutte universelle.

Sans nous appesantir d'une façon spéciale sur les suggestions laissées par la revue
centennale, notre examen portera plus particulièrement sur les données fournies par les
transformations opérées dans l'agriculture depuis 1889.

DIVISIONS DU RAPPORT.

La classification adoptée en 1900, trop fidèlement copiée sur celle des Expositions
précédentes, a rendu en pratique à peu près impossible, ainsi que le voulait l'article 4
du Règlement général, le rapprochement de la matière première des moyens de fabrication et des produits achevés.

D'autre part, une répartition exacte dans les classes ne pouvait se faire sans de
grandes difficultés à cause de la multiplicité considérable des exposants et de la variété
des objets et produits exposés. De sorte que, nécessairement, il n'était pas aisé au rapporteur d'une classe de toujours limiter ses jugements aux objets qui, seuls, devaient
appartenir à cette classe.

Néanmoins, je m'efforcerai de rester dans le cadre qui m'est assigné, redoutant
d'avoir à énoncer une opinion sur des sujets déjà appréciés par un maître aussi éminent
que M. Grandeau, rapporteur de la Classe 38, qui comprend l'agronomie et la statistique.

Toutefois il serait regrettable, sous prétexte d'une confusion d'attributions entre les
rapporteurs, de passer sous silence des sociétés agricoles par exemple, qui, à côté de
produits du sol, ont exposé des documents techniques et qui, par ce fait, se sont trou-
vées réparties entre les deux classes. Il est préférable au contraire, pour faire ressortir
leurs mérites, qu'elles soient appréciées dans les deux classes, dût-on s'écarter parfois
du point de vue particulier à chacune d'elles.

Le travail du Jury de la Classe 39 a été énorme car il a porté sur l'examen et le classement de 3,875 exposants.

Nous passerons en premier lieu la revue de l'exposition française (métropole et colonies) en subdivisant en quatre catégories principales les produits d'essences différentes.

Dans la première catégorie figureront : les céréales : froment, seigle, orge, riz, maïs
et autres céréales en gerbes ou en grains ; — les plantes légumineuses : fèves et féveroles,

haricots, pois, lentilles, etc., — tubercules et racines : pommes de terre, betteraves fourragères, carottes, navets, turneps; — fourrages conservés ou ensilés et matières propres à la nourriture des bestiaux.

La deuxième catégorie comprendra les plantes saccharifères : betteraves, canne, sorgho sucré, etc.

La troisième catégorie aura trait aux plantes diverses : café en grains, cacao, coca, etc.

Enfin, dans la quatrième catégorie seront groupées les plantes oléagineuses en tiges ou en graines : olives, huiles comestibles d'origine végétale.

Nous apporterons, autant que possible, la même subdivision dans l'examen des produits étrangers à la France.

Sans suivre un ordre absolument géographique, nous étudierons d'abord les pays du vieux continent et de leurs colonies; puis enfin nous terminerons par les régions d'outre-mer.

Des différents exposés nous chercherons à tirer des conclusions sur la situation respective des divers pays, les affinités ou oppositions d'intérêts qu'ils peuvent avoir l'un vis-à-vis de l'autre suivant les moyens naturels ou scientifiques dont ils disposent.

FRANCE.

EXPOSÉ GÉNÉRAL.

Historique. — L'agriculture française, dotée sous Colbert et Turgot de quelques institutions utiles, affranchie ensuite par la Constituante, ne devint véritablement l'objet de l'attention du législateur que sous les gouvernements qui se sont succédé pendant le xixe siècle.

La monarchie de Juillet et le second Empire développèrent l'agriculture par de nombreuses et sages mesures législatives et administratives: mais cette ère de prospérité passagère fut suivie d'une crise très difficile qui dessaisit l'agriculture de la place prépondérante qu'elle occupait, et faillit faire sombrer avec elle la richesse nationale.

Cette crise était le résultat d'une révolution économique dont les causes résident: 1° dans le développement considérable et inattendu des pays qui, autrefois tributaires de la France, devenaient nos concurrents; 2° dans la rapidité décuplée des moyens de transport, accompagnée d'un abaissement invraisemblable des tarifs; 3° dans la création de ces banques cosmopolites qui, entraînant capitaux, ingénieurs et ouvriers vers des pays neufs, ayant peu de charges, procurent des avantages inappréciables à ces régions; 4° enfin dans une presse périodique qui, admirablement informée, met immédiatement le commerce et l'industrie au courant de ce qui se passe dans les pays de production et de consommation.

Une situation aussi inquiétante imposait la volonté de voir la France rester au moins maîtresse de ses mouvements en défendant sa production agricole.

Le Gouvernement de la République a compris cette nécessité et, justement effrayé du découragement qui gagnait le monde agricole, compléta en 1892 les moyens de défendre la culture française contre l'envahissement étranger.

Les agriculteurs, aidés d'autre part par une science agronomique de plus en plus sûre de ses méthodes, reprirent courage et la première de nos industries nationales commença à se relever.

Il importe de faire ressortir que nos paysans, enracinés dans des modes de culture transmis de père en fils, se sont souvent très judicieusement laissés devancer par des bourgeois qu'avait séduits le charme des nouvelles doctrines. Ces derniers, revenus à la terre, longtemps abandonnée par les ancêtres, ont expérimenté les affirmations théoriques des savants, et mis au point une science à laquelle manque trop souvent la pratique. Ils ont instruit ainsi, par l'exemple, le paysan, sage et prudent, qui s'est mis à imiter ces pionniers novateurs des nouvelles formules de la chimie agricole.

Ces deux classes de laboureurs tendent à se fondre de plus en plus, pour constituer une agriculture reposant sur la science agronomique.

Armé pour engendrer des miracles de production économique, le cultivateur ne s'entête plus à tirer du sol une plante dépréciée par des concurrents placés dans des conditions plus favorables; mais il cherche et trouve à substituer une culture à une autre, pour tirer de la terre le parti approprié aux circonstances.

Cela ne veut pas dire qu'il ne soit pas regrettable de voir disparaître d'un pays des cultures qui, pendant des siècles, ont fait sa prospérité; mais, tout en combattant pour les conserver, on peut envisager avec moins de terreur la disparition qui s'impose.

L'exemple de la pomme de terre et de la betterave à sucre, qui se sont substituées en grande partie aux plantes oléagineuses, est fait pour calmer les appréhensions de ceux qui sont terrifiés par l'envahissement du marché universel.

Chaque pays peut et doit défendre ses produits contre les produits similaires étrangers; mais il est de toute nécessité qu'il abandonne la prétention, en ce qui concerne tel ou tel produit, de lutter avantageusement sur les marchés étrangers, lorsque le prix de revient qu'il offre ne peut être égal ou inférieur à celui que proposent des concurrents, mieux favorisés par des conditions naturelles.

C'est pourquoi l'agriculteur doit être économiste et agronome et, comme la science individuelle ne peut être que fort limitée, c'est dans les syndicats et associations d'hommes de bonne volonté, imbus des principes de solidarité, qu'il faut chercher l'élément de lutte pour la vie.

IMPORTANCE DE L'AGRICULTURE.

Les produits agricoles alimentaires d'origine végétale absorbent la presque totalité des ressources agronomiques de la France : 18 millions d'habitants dont 6,663,000 hommes adultes, c'est-à-dire environ la moitié de la population, sont occupés à cultiver le sol national.

L'agriculture française met en œuvre un capital de près de 100 milliards. La valeur brute de tous les éléments de la production végétale est de 10 milliards environ, dont 7 milliards et demi pour les produits alimentaires. Elle distribue annuellement plus de 4 milliards de francs en salaires et son capital d'exploitation atteint près de 5 milliards.

CÉRÉALES.

Depuis un siècle la culture des céréales, et particulièrement celle du blé, s'est accrue dans le monde entier, avec le développement de l'agriculture, la consommation augmentant d'ailleurs et les « mangeurs de pain » devenant plus nombreux.

Toutefois, il semblerait qu'en France la progression dans la consommation doive aller d'un pas moins rapide que l'accroissement dans la production, car le chiffre de la population ne s'élève qu'avec lenteur et le développement du bien-être tend à remplacer en partie le pain par des aliments variés. Si l'on considère, d'autre part, que jusqu'à présent le blé n'est pas employé à la nourriture des bestiaux, ce qui serait un moyen d'en augmenter la consommation, on peut entrevoir pour la France la nécessité de devenir puissance exportatrice de blé.

Quelques chiffres statistiques. — En 1790, la superficie du territoire consacré à la culture des céréales était en France de 13,500,000 hectares.

En 1889, elle était de 15,440,000 hectares.

La progression, dans ces dernières années, a été moins forte, par suite du développement des cultures fourragères.

Les départements où la production du froment s'est réduite sont principalement le Calvados, la Manche, le Doubs, la Meuse, la Marne, le Lot, la Drôme. Le blé y a été remplacé par des prairies, des bois ou des vignes.

La surface consacrée en France à la culture du froment était en 1892 de 7,166,500 hectares. La production s'élevait à 117,500,000 hectolitres de grains. Il convient d'ajouter 147,600,000 quintaux de paille. Le tout représentant une valeur de 2,738 millions de francs.

La tendance à remplacer la culture du blé s'est surtout manifestée à l'étranger, notamment en Belgique, en Allemagne et en Angleterre. Elle résulte du bas prix du produit dont la culture devient ainsi trop peu rémunératrice.

Au contraire la surface emblavée a augmenté dans d'autres pays : en Russie, en Hongrie, aux Indes anglaises, et surtout aux États-Unis, où de 7,676,000 hectares en 1870 elle a passé à 17,827,849 hectares en 1898.

En France, la production moyenne annuelle s'est élevée progressivement.

Elle était évaluée en 1789 à 31 millions d'hectolitres. La moyenne décennale de 1831 à 1840 a été de 68 millions d'hectolitres par an.

Celle de 1889 à 1898 s'est élevée à 108,700,000 hectolitres.

L'estimation de la récolte de 1899 a été de 129 millions d'hectolitres.

L'alimentation humaine n'était pour la France que de 55 millions d'hectolitres ou de 1 hect. 64 par tête, de 1830 à 1840; aujourd'hui elle a atteint 100 millions d'hectolitres ou 2 hect. 70 par tête.

Depuis quelques années nous produisons suffisamment pour nos besoins, tandis que nos voisins continuent à recourir, pour une grande part, à l'importation.

Influences qui augmentent la production du blé. — À une époque où il importe que l'agriculture puisse vivre malgré le bas prix du blé, il est intéressant de montrer l'influence qu'a la culture de la betterave sur les rendements en blés.

Le fait a été mis en évidence à l'occasion de l'Exposition universelle par M. Jules Bénard, membre de la Société nationale d'agriculture :

En France, a-t-il dit, d'après la statistique de 1892, la production moyenne du froment est de 16 hectolitres 4 par hectare, mais dix départements ont une moyenne supérieure à 20 hectolitres. Ce sont : la Seine, 26,8; le Nord, 22,5; l'Aisne, 23,9; Seine-et-Oise, 23,9; Oise, 22,8; Seine-et-

Marne, 22,5; Eure-et-Loir, 21,5; Ardennes, 24,4; Somme, 21,2; Haut-Rhin, 20,5; Pas-de-Calais, 20,2.

Or ce sont là, sauf le Haut-Rhin et la Seine, les départements qui cultivent le plus de betteraves, soit pour la sucrerie, soit pour la distillerie.

Ce fait a été constaté en France depuis longtemps. En 1855, la Société de Valenciennes publiait la statistique suivante concernant son arrondissement :

Production du blé avant la fabrication du sucre de betterave : 359,000 hectolitres; nombre de bœufs : 700;

Production du blé depuis l'introduction de la betterave : 421,000 hectolitres; nombre de bœufs : 11,500.

Si l'on prend non plus la statistique générale d'un département, mais l'étude d'un certain nombre d'exploitations isolées, on voit que ce sont des fermes où la culture de la betterave à sucre est le plus répandue qui donnent les plus grands rendements de blé.

D'après les monographies des grandes fermes du Nord par Barral, d'après les rapports du concours de prime d'honneur, le rendement du blé a augmenté d'un tiers ou d'un quart dans toutes les exploitations où l'on cultive la betterave et il a passé de 25 et 30 hectolitres à 40 hectolitres.

La même constatation existe dans les autres pays.

En Allemagne, dans les districts sucriers, M. Bénard a constaté sur place que les rendements de 40 hectolitres n'y sont pas rares.

En Autriche, dans les plaines de la Moravie, de la Bohême où l'on cultive la betterave à sucre, on obtient les plus grands rendements ainsi que dans les riches terres de la vallée du Danube et de ses affluents.

En Russie, la culture de la betterave à sucre augmente tous les ans dans de grandes proportions et après la betterave on sème du blé là où l'on ne récoltait avant que du seigle.

Les mêmes progrès se constatent après la culture de la betterave, en Belgique, en Hollande, en Roumanie, en Italie.

M. Bénard a expliqué ces grands rendements après betteraves par les fortes fumures, puis, pendant tout le cours de la végétation, par les binages répétés qui détruisent les plantes adventices, enfin par des labours profonds qui, nécessités pour la culture des betteraves, ont une influence incontestablement avantageuse sur les plantes cultivées ensuite. Le sol arable est plus profond, plus ameubli, les racines du blé s'y développent mieux, elles résistent mieux au gel et au dégel, elles sont moins exposées à être déchaussées; elles n'ont point ou presque point à lutter contre les herbes nuisibles qui ont été détruites, et si la sécheresse arrive, elles peuvent y résister; c'est pourquoi on a dit que la betterave est le porte-progrès en agriculture.

Elle détermine un progrès dans la culture en modifiant l'assolement. De plus, pour les façons, elle exige un plus grand nombre d'ouvriers, payés plus cher; elle apporte un surcroît d'alimentation pour les animaux qui utilisent les pulpes et qui trouvent dans les betteraves hachées, mêlées aux balles d'avoine, une nourriture dont les bêtes à cornes sont friandes; c'est là une ressource alimentaire pour une grande partie de l'hiver. Enfin, les feuilles de betteraves laissées sur le sol apportent un engrais azoté et potassique; elles fournissent encore de l'acide phosphorique. La conclusion est que la culture de la betterave est très favorable à celles qui viennent après elle, aussi bien aux céréales qu'aux plantes fourragères.

Seigle. — La culture du seigle tend à disparaître. C'est l'indice des progrès de l'agriculture. Le seigle est destiné aux terres mauvaises, à celles qui ne peuvent produire le blé. On le rencontre, par conséquent, en France, dans les régions où le sol est le plus maigre : dans le centre et en Bretagne, sur les terrains granitiques, dans les Landes de Gascogne, de la Bresse et de la Sologne; en Champagne, sur les craies arides du plateau qui s'étend de Reims à Troyes.

Nous n'avons actuellement que 1,527,000 hectares de seigle, qui ont donné en moyenne 24 millions d'hectolitres, pendant les dix dernières années.

Orge. — La culture de l'orge est à peu près stationnaire en France. La superficie consacrée à cette céréale a été, en moyenne, pendant les dix dernières années, de 907,000 hectares, qui ont produit 16,822,000 hectolitres par an. Les prix ont diminué depuis vingt-cinq ans.

Avoine. — La culture de l'avoine a assez d'importance en France, y occupant 3,900,000 hectares. Notre production a été en moyenne, pendant les dix dernières années, de 90 millions d'hectolitres, et le rendement par hectare de 22 hectol. 76.

La distribution géographique de cette culture est à peu près la même que celle du froment, avec cette différence que l'avoine, convenant mieux aux régions froides et redoutant la sécheresse, est rare dans les départements méridionaux et se tient plus particulièrement dans le Centre et l'Ouest.

Sarrasin, maïs, méteil, millet, etc. — La culture annuelle du sarrasin, plante de terre pauvre, comme le seigle, a été, en moyenne, pendant les dix dernières années, de 585,000 hectares; celle du maïs, de 568,000 hectares; celle du méteil, de 239,000 hectares; celle du millet, de 34,000 hectares.

La superficie consacrée aux fèves et féveroles était, en 1882, de 344,000 hectares, donnant un produit de 147 millions.

Le département qui produit le plus de haricots est la Dordogne, avec 5,340 hectares, et 76,896 hectolitres en 1882; puis viennent le Gers, la Haute-Garonne, la Vendée.

Pour les pois, le département de la Nièvre tient la première place. Les fèves sont surtout cultivées dans le Pas-de-Calais; elles occupent 27,000 hectares, ayant produit 602,000 hectolitres de grains.

La lentille est cultivée dans l'Aisne.

POMMES DE TERRE.

Pomme de terre. — La pomme de terre fut importée d'Amérique en Europe par Walter Raleigh en 1586. On s'en servait alors comme plante d'ornement. C'est seulement en 1767 que Parmentier la vulgarisa.

Vers 1643, elle commençait à être cultivée en Alsace, mais en si petite quantité qu'en 1767, lorsqu'on voulut l'introduire dans d'autres provinces de France, on en trouva difficilement, disent les mémoires du temps, la quantité suffisante pour ensemencer un champ de médiocre étendue.

En 1815, on n'en récoltait encore en France que 15 millions de quintaux; maintenant, la récolte moyenne est annuellement de 120 millions. C'est du moins celle des dix dernières années.

L'Allemagne est le pays qui en produit le plus : 235 millions de quintaux.

La production totale du globe est de 750 millions de quintaux et représente une valeur de 3 milliards 100 millions.

En France, la surface cultivée est de 1,474,000 hectares. La production s'élève à 155 millions de quintaux, d'une valeur de 670 millions de francs, et c'est dans le département des Vosges que sa culture est le plus étendue.

On voit combien s'est développée l'exploitation de ce tubercule, qui, d'ailleurs, trouve encore un mode d'emploi dans la féculerie, et fournit, en outre, un alcool très utile à l'industrie.

FOURRAGES.

La culture fourragère occupait, en 1789, 8.61 p. 100 du territoire; mais elle s'est progressivement étendue à mesure que se développait le commerce des bestiaux.

En 1840, elle occupait 250,000 hectares; en 1862, 386,000.

De nos jours, la surface cultivée est de 11 millions d'hectares. Production : 46 millions de tonnes de fourrages; valeur, 2,651 millions de francs.

EXPOSANTS.

FÉDÉRATION DES SOCIÉTÉS AGRICOLES DU PAS-DE-CALAIS.

Entrant dans l'analyse forcément restreinte de nos exposants, nous commencerons par l'examen des produits présentés par le département du Pas-de-Calais.

Ce département qui, durant le XIXᵉ siècle, a fait, dans les choses de l'agriculture, des progrès si remarquables, avait groupé ses produits dans une exposition collective, organisée par les soins de la FÉDÉRATION DES SOCIÉTÉS AGRICOLES DU PAS-DE-CALAIS, sous la haute direction de M. Jonnart, ancien ministre, aidé de l'actif et intelligent concours de M. Tribondeau, professeur départemental d'agriculture.

C'est en 1895 que s'est constituée, entre les sociétés d'agriculture et le Cercle agricole du Pas-de-Calais, la Fédération des sociétés agricoles, dont le siège est à Arras.

Cette association a pour objet l'étude des questions économiques et la défense des intérêts agricoles du département et de la région. Elle organise à cet effet toutes réunions, publications ou démarches prévues par les statuts ou que le bureau juge utiles. Laissant à chaque société adhérente son autonomie et sa complète indépendance, son véritable but est de coordonner les efforts isolés de chacune d'elles en vue d'une action plus éclairée, plus prompte et plus puissante.

L'examen des produits groupés sous l'égide de la Fédération, ainsi que les renseignements que nous avons pu recueillir, tant dans les notices fournies par les exposants eux-mêmes qu'auprès des personnes bien informées, nous montrent que le Pas-de-Calais est résolument entré dans la voie du progrès agricole, qu'il y marche d'un pas rapide et que, par la mise en œuvre des méthodes qui sont en train de révolutionner l'agriculture, il a compris que l'un des moyens de lutter efficacement, c'est de faire produire à la moindre surface de terre le plus possible et au plus bas prix de revient possible.

Son mérite est d'autant plus grand qu'il rencontre souvent, dans des conditions naturelles défavorables, des obstacles à la réalisation de son désir du mieux.

L'état de l'agriculture de ce département, ainsi que ses progrès durant les cent dernières années, forment la matière d'un remarquable ouvrage : *Le Pas-de-Calais au xixe siècle,* auquel nous croyons devoir emprunter en les résumant les renseignements suivants :

Au début du xixe siècle, l'assolement, qui était triennal et parfois biennal, laissait en jachère 113,330 hectares de terre sur un total de 524,989 hectares. En 1892, ce chiffre tombe à 33,000, soit 6.4 p. 100 des terres cultivées, et il est probable qu'en 1899 ce quantum se trouvait encore de beaucoup diminué.

La culture du blé tend à se faire d'une façon de plus en plus rationnelle; les principales variétés cultivées sont le Goldendrop, le Dattel, le Shériff à épi carré, le Taverson, le Victoria, etc., et le D K, variété mise dans le commerce par M. Déconinck et qui s'implante chaque année davantage.

C'est la variété à grand rendement et inversable que l'on recherche, en perdant parfois trop de vue que ces qualités sont peut-être moins des caractères spécifiques de la variété que le résultat d'un bon mode de culture.

Les surfaces ensemencées en blé n'ont fait que progresser depuis le commencement du siècle. Elles étaient de 81,000 hectares en 1814 et s'élevaient à 151,000 hectares en 1898.

Le rendement moyen a passé de 16 hectolitres à 22 hectolitres à l'hectare.

Le prix moyen de l'hectolitre, qui varie bien souvent dans le cours du siècle avec la législation et la production, est parfois monté jusqu'à 31 fr. 15 pour descendre après des oscillations jusqu'à 14 fr. 25 en 1895. Il ne dépassait pas 15 francs en 1899.

Ce bas prix, en dépit des droits protecteurs, montre combien il est indispensable d'élever les rendements. C'est à quoi s'attachent, nous l'avons dit, les agriculteurs du Pas-de-Calais.

Quant au prix de revient, il est, suivant les régions, et eu égard au mode de culture, de 13 fr. 25, 12 fr. 60, 20 fr. 50, 10 fr. 50 à l'hectolitre de 80 kilogrammes.

La culture du seigle n'a pas varié sensiblement depuis cent ans, tant pour les surfaces emblavées que pour le rendement moyen par hectare.

Le méteil est délaissé presque partout.

L'orge, surtout l'orge d'hiver, occupe une surface de 16,000 hectares.

La culture de l'avoine se fait sur une étendue presque aussi considérable que celle du blé : elle est de plus de 190,000 hectares et produit annuellement 4 millions d'hectolitres de grains.

Le sarrasin, le maïs et le millet sont appelés à disparaître à bref délai.

Parmi les plantes fourragères, il convient de citer la féverole, qui tient une place importante dans l'agriculture du Boulonnais. La surface occupée dans le département par cette plante est de 25,000 hectares.

Une culture qui a fait d'énormes et rapides progrès, au double point de vue de l'étendue des surfaces exploitées et des moyens mis en œuvre, c'est celle de la betterave industrielle. En cinquante ans, la production de cette racine a presque triplé; partout on emploie la graine de betterave riche, souvent récoltée dans le Pas-de-Calais même, et partout on fait un usage raisonné des engrais complémentaires.

Quant à la betterave fourragère, elle est encore fort en honneur dans le Pas-de-Calais, malgré l'énorme quantité de pulpes laissées à la culture par la betterave industrielle. C'est que l'alimentation à la pulpe convient peut-être moins aux animaux d'élevage et aux femelles en gestation.

En résumé, dans le Pas-de-Calais, la science fait place à la routine : les meilleurs procédés de culture pénètrent partout en même temps qu'il est fait un emploi judicieux des engrais chimiques.

Parmi les exposants du Pas-de-Calais, nous passerons d'abord en revue l'École pratique d'agriculture de Berthonval, M. Masclef, M. Lombard, la Société de l'arrondissement de Montreuil, la Société d'agriculture de l'arrondissement de Saint-Omer, le Syndicat agricole de l'arrondissement d'Arras, M. A. Caron. D'autres exposants feront l'objet d'une étude spéciale dans l'examen des cultures particulières.

L'École pratique d'agriculture de Berthonval a été fondée en 1884, dans le but de donner aux fils de petits cultivateurs une instruction agricole théorique et pratique, permettant même aux meilleurs sujets de se préparer ensuite à l'École de Grignon, à l'Institut agronomique et à l'École vétérinaire d'Alfort.

Cette école est très prospère. Elle a vu, depuis sa création, le nombre de ses élèves augmenter d'année en année, ce qui est la meilleure preuve des services immédiats qu'elle rend à la région.

Il convient de dire qu'elle est l'objet de toute la sollicitude du Conseil général du Pas-de-Calais.

Par les notions théoriques qu'on y enseigne, par les connaissances pratiques que, grâce au travail du sol, on peut y acquérir; enfin par le goût des expériences et des recherches qu'y prennent les élèves, cette utile institution est de nature à contribuer au progrès général de l'agriculture dans le Pas-de-Calais.

Des expériences faites durant ces dix dernières années sur la betterave, le blé, la pomme de terre, le choix des engrais, etc., il est résulté des observations intéressantes.

En ce qui concerne la betterave, par exemple, il a été constaté que l'influence de la variété sur la richesse et le rendement est notoire, que la valeur sucrière augmente avec le rapprochement des plantes, que le nitrate de potasse associé au superphosphate et au sulfate de magnésie donne la plus grande richesse en sucre, que l'emploi du sulfate de fer a une action marquée sur la richesse saccharine des betteraves, etc.

M. MASCLEF, de Loison-sous-Lens, avait exposé de beaux blés à tige résistante obtenus grâce aux soins particuliers qu'il consacre à la culture de cette céréale.

Depuis sept ou huit ans, cet agriculteur poursuit ses observations et ses expériences en vue d'arriver à une atténuation dans la verse des blés. Il semble être sur la voie du succès. Il est parvenu, en effet, à produire des tiges raides sans nuire au rendement qui, dans certaines terres, atteint 45 quintaux à l'hectare.

M. LOMBARD, instituteur à Marles-sous-Montreuil, présentait des spécimens de froment prélevés dans ses champs de démonstration.

Depuis vingt-cinq ans, cet exposant donne dans son école un enseignement théorique fort apprécié, et il y a une douzaine d'années qu'il se livre à des expériences intéressantes concernant l'emploi des meilleurs engrais et leur influence sur le rendement du blé.

La SOCIÉTÉ D'AGRICULTURE DE MONTREUIL avait envoyé de beaux produits provenant de ses cinquante champs d'expérience.

La SOCIÉTÉ D'AGRICULTURE DE L'ARRONDISSEMENT DE SAINT-OMER avait groupé dans une exposition collective intéressante les produits agricoles des cultivateurs de l'arrondissement ainsi que les belles variétés résultant des recherches qu'elle ne cesse de poursuivre.

Le SYNDICAT AGRICOLE DE L'ARRONDISSEMENT D'ARRAS, bien que n'ayant pas d'exploitation agricole proprement dite, mérite de figurer dans ce rapport par les services qu'il rend à ses 1,000 adhérents. Avec un bulletin spécial, il vulgarise les meilleures méthodes de culture; mais son principal rôle consiste à faire livrer à ses membres tous les produits utiles à la culture, aux meilleures conditions possibles et avec toutes les garanties désirables.

M. CARON (Arthur), qui dirige la ferme des Plaines d'Étoile, à Oye, exposait des blés remarquables provenant d'un mélange de Shériff, de Goldendrop, de Raoutchaf et de Dattel, que cet agriculteur s'est décidé à adopter, après des essais nombreux. Encore, a-t-il l'intention de rejeter de son mélange le Raoutchaf, à cause de sa grande tendance à germer dans les années de pluies.

Telle est l'exposition du département du Pas-de-Calais. Elle nous est un exemple de ce que l'on peut attendre de l'agriculture en général, même lorsque les conditions naturelles sont défavorables, si, partout, les méthodes rationnelles découvertes et préconisées par l'agronomie se substituaient aux procédés routiniers.

LES AGRICULTEURS DU NORD.

Comme son voisin le Pas-de-Calais, le département du Nord avait rassemblé ses produits dans une exposition collective préparée par la Société des agriculteurs du Nord, association similaire, en apparence, à la Fédération, mais de beaucoup plus ancienne et ne reposant pas en réalité sur les mêmes bases.

C'est vers 1879 que fut créée cette puissante société qui rayonne dans tout le département. Son but était de provoquer et vulgariser les découvertes ou améliorations touchant aux diverses branches de l'agriculture régionale du Nord, et de défendre directement auprès des Pouvoirs publics (gouvernement, parlement, administration départementale) les intérêts de la culture proprement dite et ceux des industries rurales.

Son mode d'action, en dehors de son propre bulletin trimestriel, comprend des conférences, des congrès, des expériences, des concours, des expositions, des consultations, des encouragements honorifiques et pécuniaires.

Les efforts ont surtout porté, même avant la bienfaisante loi de 1884, sur l'amélioration de la culture de la betterave et plus tard sur celle du blé.

En s'efforçant de remplir le programme qu'elle s'était tracé à ses débuts, elle a exercé sur le progrès agricole dans le Nord une influence marquée.

La Société des agriculteurs du Nord se distingue de sa jeune sœur du Pas-de-Calais par un mode de recrutement disparate qui en différencie l'action et risque parfois d'en fausser le but. Elle appelle à elle, en effet, individuellement, non seulement les cultivateurs du département, mais encore ceux des régions voisines et, dans une notable proportion, des personnes qui ne touchent à l'agriculture que par le côté commercial; tandis que la Fédération du Pas-de-Calais unit entre elles, en un seul faisceau, toutes les sociétés agricoles, sans intrusion d'éléments adjacents, évitant ainsi l'influence d'intérêts qui, pour être connexes, n'en sont pas moins parfois très séparés.

Les produits agricoles exposés par la collectivité des agriculteurs du Nord étaient très remarquables et attestaient que les modes, méthodes et procédés de culture en usage dans le Nord reposent de plus en plus sur la science agronomique, ou bien sont le résultat d'expériences et de recherches poursuivies avec persévérance par les agriculteurs de cette riche région, dont le sol est naturellement si fertile.

Tous les exposants seraient à citer, mais nous sommes forcés de nous limiter.

M. Laurent-Mouchon, d'Orchies exploite, dans les environs de cette petite ville, et dans six fermes différentes, 280 hectares de terrain, en vue surtout de la production des semences sélectionnées de betteraves, de céréales et de plantes fourragères.

L'importance de cette maison, fondée en 1820, s'est accrue d'année en année. Depuis longtemps, on y pratique la culture intensive, car sa devise a toujours été : « Produire beaucoup sur peu de terrain; chercher par tous les moyens, à augmenter les rendements, afin d'abaisser le prix de revient des produits agricoles. »

Grâce à la parfaite connaissance du sol qu'il exploite, à des labours profonds, à de

Gr. VII. — Cl. 39.   2 bonnes façons culturales, à une sélection très soignée, enfin à un emploi raisonné du fumier de ferme, des tourteaux et des engrais chimiques, M. Laurent-Mouchon obtient des résultats remarquables.

Non seulement, il a amélioré certaines variétés de blé et d'avoine, mais il en a créé de nouvelles à grand rendement. C'est ainsi, pour ne parler que de l'avoine, qu'il exposait une «avoine jaune merveilleuse», rapportée par lui des îles Danoises, et qui, après quelques années de soins, donne des panicules mesurant 33 centimètres de longueur, et des grappes serrées fournissant 270 beaux grains de bonne qualité. Le rendement de cette avoine atteint, d'après M. Laurent-Mouchon, 40 quintaux à l'hectare.

En ce qui concerne la culture de la betterave, cet agriculteur signale à l'attention des producteurs de graines les bons effets qu'il a retirés de l'application du superphosphate de chaux et des fumures magnésiennes; en outre, il fait connaître qu'il a expérimenté l'influence heureuse sur la richesse de la betterave du soulèvement des racines pratiqué quelque temps avant l'arrachage.

La maison FLORIMOND-DESPREZ, de Cappelle, bien connue du reste, s'emploie surtout à produire des semences de betteraves, de blé et d'avoine, de pommes de terre, de trèfle, de luzerne, etc.

De nombreux champs d'expérience, un laboratoire et des appareils perfectionnés permettent d'appliquer tant à la betterave qu'au blé la méthode de sélection chimique et physique des graines. On peut ainsi déterminer les mérites des variétés et en créer de nouvelles.

L'assolement en usage dans la maison est le suivant :

1re année, pommes de terre avec fumier de ferme et engrais chimiques ;

2e année, betteraves ou porte-graines de betteraves, avec engrais chimiques ;

3e année, céréales sans engrais.

D'une notice explicative, nous extrayons le prix de revient des principales cultures :

Blé, 14 fr. 80 par quintal;

Betteraves, 18 fr. 90 par 100 kilogrammes;

Pommes de terre, 24 fr. 67 par 100 kilogrammes.

La pomme de terre tient une grande place dans l'exploitation. La maison s'applique à en rechercher les meilleures variétés.

M. MACAREZ fils, d'Hautchin, qui a succédé à son père, M. Ernest Macarez, ancien président des Agriculteurs du Nord, exposait de belles céréales, notamment des blés à tiges raides et basses capables d'éviter la verse et pouvant se travailler à la moissonneuse lieuse.

Ces blés sont le stand up, le stand up cartu et l'éventail, qui donnent un rendement moyen de 40 quintaux à l'hectare.

M. Macarez retire de grands avantages de l'emploi, comme engrais, des vinasses de distillerie.

La SOCIÉTÉ D'AGRICULTURE DE BOURBOURG, fondée en 1849, étend son action sur un territoire d'environ 20,000 hectares, situé dans l'arrondissement de Dunkerque. C'est dans sa circonscription que se trouvent une partie des vastes terrains conquis sur la mer, les watringues, qui ne tarderaient pas à redevenir le domaine des eaux si les services hydrauliques cessaient de fonctionner seulement pendant quelques années.

Cette société vulgarise autour d'elle les procédés de la culture intensive, pratiquée à l'aide des engrais chimiques à hautes doses et des instruments les plus propres à activer le travail et abaisser les prix de revient. Malheureusement, malgré les taux du rendement, qui n'ont cessé de s'élever, la culture, notamment celle des blés et fourrages, reste peu rémunératrice.

Nous en aurons fini avec le département du Nord après avoir cité le COMICE AGRICOLE DU CANTON DE BERGUES, qui, depuis sa création, a eu une influence très marquée sur la culture du blé auquel il a donné son nom et dont le rendement en cent ans a presque quadruplé.

La moyenne atteint 35 hectolitres à l'hectare.

VILMORIN, ANDRIEUX ET Cⁱᵉ.

La maison VILMORIN, ANDRIEUX et Cⁱᵉ, à Verrières, était largement représentée dans la Classe 39 par de nombreuses variétés de graines diverses.

La collection qu'elle exposait confirme une fois de plus la haute réputation que cette maison s'est acquise depuis longtemps et qui lui a valu une situation unique dans le monde entier.

C'est au commencement du siècle que l'établissement de Verrières a été créé pour la production des grains de choix.

L'augmentation de la surface cultivée et la construction des nouveaux bâtiments d'exploitation se sont faites successivement, à mesure que la maison prenait plus d'importance. A l'heure actuelle, on trouve, à Verrières, en plus de la maison d'habitation et de ses dépendances, de vastes constructions destinées au séchage, au nettoyage et à la manutention des graines.

En 1890, la grande extension prise par la culture des betteraves à sucre a nécessité l'édification d'un laboratoire spécial destiné à l'analyse des betteraves-mères, et qui sert, en outre, au dosage en fécule des pommes de terre et des topinambours, aux analyses de terres, d'engrais, de fourrages, etc.

C'est depuis 1870, sous la prudente et méthodique direction de M. Henry de Vilmorin, enlevé si prématurément à la science agricole, que les plus grands progrès ont été réalisés à Verrières.

Malgré cet accroissement progressif, l'ensemble des terrains cultivés à Verrières ne dépasse pas une trentaine d'hectares et l'on est en droit de se demander, au premier abord, comment des résultats aussi importants et aussi certains peuvent être obtenus dans un espace aussi restreint.

L'explication s'en trouve dans l'organisation même de la production commerciale des graines, telle qu'elle a été comprise par les chefs de la maison, dès que la grande extension prise par le commerce des graines eut rendu absolument utopique de prétendre produire, à Verrières, ou en un endroit quelconque, la totalité des graines de semences nécessaires à l'alimentation de leurs magasins.

La surface cultivée chaque année pour la production des graines de Vilmorin s'élevait déjà, en 1850, à 700 hectares, et, aujourd'hui, ces cultures couvrent 5,988 hectares. Verrières a donc la prétention d'être l'alpha et l'oméga de la production des graines. C'est de là que tout sort, c'est là que tout aboutit, mais ce n'est pas là que tout se fait.

Il est nécessaire, en effet, pour obtenir de bonnes graines dans des conditions économiques : 1° de n'employer que des semences sélectionnées avec le plus grand soin ; 2° de les reproduire dans les conditions de sol et de climat les plus favorables ; 3° de s'assurer par un essai consciencieux que, dans cette reproduction en grand, les caractères de la race n'ont pas été altérés.

La première et la troisième de ces deux opérations sont faites à Verrières. La seconde s'effectue chez les cultivateurs de la maison.

Les cultures de Verrières peuvent donc se ranger sous deux chefs : 1° production de graines sélectionnées ; 2° essais d'expériences.

I. **Production de graines sélectionnées.** — Ce travail, dont l'importance est évidente, a toujours été fait à Verrières.

On y cultive surtout, pour ce qui est des fleurs, différentes parcelles dont le produit en graines est directement destiné à la vente. Mais la plus grande partie des terrains est consacrée à la production de graines, qui devront à leur tour être multipliées avant d'être mises au commerce.

Il n'est pas rare, en effet, surtout lorsqu'il s'agit de créer une race ou d'en refaire une dont le type avait dégénéré, de consacrer plusieurs ares à la culture de porte-graines, dont quelques-uns seulement seront jugés dignes d'être conservés. On conçoit que, dans ce cas, les graines obtenues soient d'un prix de revient très élevé et qu'elles devront être multipliées dans des conditions plus économiques pour devenir un article commercial.

Les cultures de Verrières sont extrêmement variées, depuis les plantes de grande culture et les céréales jusqu'aux fleurs qui exigent l'usage de serres et la fécondation à la main, en passant par toutes les races de légumes et de plantes de pleine terre.

Dans tous les cas, les mêmes principes de sélection rigoureuse et d'isolement des variétés susceptibles de s'hybrider (c'est ce qui explique le grand morcellement des terrains de culture) sont rigoureusement observés.

Ce sont ces graines sélectionnées avec tant de soin qui sont envoyées chez les cultivateurs de la maison où, sous la surveillance des inspecteurs, elles sont semées ; leur produit est cultivé, les épurations nécessaires sont faites et enfin la récolte effectuée et expédiée dans les magasins.

II. **Essais d'espèces.** — Malgré toute la surveillance apportée à la production des graines chez les cultivateurs, il peut arriver que, par suite d'une épuration mal faite, d'un mélange au moment de la récolte, d'une erreur d'étiquetage, etc., certains lots ne répondent pas exactement à ce qu'on est en droit d'en attendre. C'est ce que les essais d'espèces permettent de constater.

A l'arrivée des graines dans les magasins de Reuilly ou de Massy-Palaiseau, il en est toujours prélevé un échantillon qui, semé à Verrières, comparativement avec les échantillons de la même race, mais de provenance différente, permet rapidement de se rendre compte des erreurs ou des fraudes. Il est inutile de dire que les lots jugés impurs, ou de mauvaise qualité, sont immédiatement rejetés.

A côté des variétés commerciales de fleurs ou de légumes provenant des cultures de la maison, il est semé chaque année un très grand nombre de plantes nouvelles ou soi-disant nouvelles, qu'il est facile de comparer et souvent d'assimiler aux espèces déjà connues.

On se fera une idée de l'importance de ce service des essais d'espèces par ce fait qu'indépendamment des collections d'études il est cultivé chaque année, à Verrières, 20,000 parcelles de terrain représentant autant de lots de graines, qui sont semés, cultivés et jugés individuellement.

III. **Expériences et collections d'études.** — Les différentes collections des végétaux vivants, cultivées chaque année à Verrières, sont d'un intérêt scientifique et pratique reconnu de tous. C'est grâce à elles que sont conservées les formes végétales, même lorsque leur valeur, médiocre au point de vue cultural, les a fait rejeter de la pratique. Elles servent alors à perpétuer en quelque sorte l'histoire de l'évolution des plantes cultivées, et, en même temps, de comparaison pour les nouvelles races qui sont journellement introduites. La conservation de ces nombreuses collections n'est pas un des moindres travaux dont on a à s'occuper à Verrières. Plusieurs d'entre elles y sont semées chaque année depuis le milieu et même le commencement du siècle.

1° *Collection des pommes de terre.* — Cette collection, réunie par la Société centrale d'agriculture, a été cultivée, à Verrières, depuis 1815. Elle ne comprenait alors que 200 variétés environ; maintenant elle en compte près de 800, et cependant on a toujours eu soin, parmi les nombreuses introductions faites, chaque année, de ne conserver que celles offrant des caractères suffisants pour leur constituer une originalité.

On conçoit combien les comparaisons de ce genre sont longues et minutieuses. Elles sont facilitées par un classement méthodique et qui a été plusieurs fois remanié à mesure que s'augmentait le nombre des espèces constituant la collection.

A côté de cette collection se trouve un champ d'expériences où sont cultivées sur une plus grande échelle les espèces nouvelles et plus intéressantes en comparaison avec celles qui ont déjà fait leurs preuves. Ce n'est qu'à la suite d'une étude longue et consciencieuse que ces variétés nouvelles sont définitivement jugées et multipliées, s'il y a lieu, pour être mises au commerce.

2° *Collection des froments.* — Ce qui vient d'être dit pour les pommes de terre s'applique identiquement aux froments, dont les Vilmorin ont toujours fait une étude spéciale.

Dès 1850, Louis de Vilmorin publia la première édition de son *Catalogue méthodique et synonymique des froments.* Son fils compléta et remania cet ouvrage, en 1889, puis en 1895.

A l'heure actuelle, la collection se compose de plus de 100 variétés suffisamment distinctes les unes des autres pour être conservées. Elle comprend en outre un grand nombre de blés, cultivés comparativement et destinés, pour la plupart, à être supprimés comme synonymes.

La collection des froments est encore un vaste champ d'expériences destinées à des essais de croisements d'où sont sortis, sous la main habile de M. Henry de Vilmorin, de nombreux hybrides, tels que le *dattel* et le *grosse tête,* universellement connus aujourd'hui.

Comme pour les pommes de terre, ces variétés nouvelles, soit hybrides obtenus à Verrières, soit variations spontanées, soit introductions, sont cultivées sur une plus vaste échelle de façon à permettre de mieux juger leurs qualités et leurs défauts.

MM. Vilmorin, Andrieux et Cie ont, à Massy-Palaiseau, au croisement de la ligne de Limours et du chemin de fer de la Grande-Ceinture, de vastes magasins, construits en 1895, pour suppléer à l'insuffisance de ceux qu'ils ont toujours eus à Reuilly. Les bâtiments sont entourés d'un vaste enclos destiné à la production de graines de fleurs et à ceux des essais d'espèces qui ne peuvent trouver leur place à Verrières.

ÉCOLE D'AGRICULTURE DE SARTILLY.

L'École pratique d'agriculture de Sartilly (Manche), créée en 1887, avait une exposition remarquable, affirmant les progrès considérables réalisés dans cet établissement depuis 1889, en ce qui concerne les méthodes d'enseignement et les pratiques culturales.

L'École exploite 16 hectares de terrain, soit la bonne moyenne d'une ferme dans le sud de la Manche. Elle est le type de la moyenne et de la petite culture. Les élèves retournent dans leurs familles.

Les terres labourables ont été successivement défoncées; la couche arable, augmentée en épaisseur, a été soumise à un assolement quinquennal.

Les semences ont été choisies après des essais comparatifs et, par une sélection continue, considérablement améliorées.

La culture de l'École est bien appropriée au pays, étudiée et soignée dans ses détails, progressive, sans essais aventureux et couronnée par une augmentation graduelle et soutenue du rendement de toutes les récoltes.

COMICE AGRICOLE DE L'AUBE.

Le COMICE AGRICOLE DE L'AUBE avait réuni, avec une collection des produits du département exposés spécialement par lui, les envois de quelques-uns de ses membres désirant concourir individuellement.

Fondé en 1852, le Comice agricole de l'Aube est la plus ancienne et la plus importante des associations agricoles du département; elle groupe plus de 1,500 agriculteurs et son budget est de 25,000 à 30,000 francs.

Sous son influence, l'agriculture du département a fait d'importants progrès depuis 1889. Par exemple, on peut estimer que les rendements du blé se sont élevés de 11 à 14 quintaux à l'hectare pour l'ensemble du département. Dans les bonnes terres, ils atteignent ceux des cultures les plus progressives : 30 à 40 hectolitres à l'hectare.

A titre personnel, le Comice exposait des céréales en gerbes et en graines, des semences de plantes fourragères et des tubercules, le tout provenant des champs de démonstration qu'il a organisés pour la sélection et pour la propagation des variétés de plantes appropriées à la culture du département. C'est ainsi que les blés qu'il présentait étaient des blés locaux.

Parmi les membres du Comice qui concouraient individuellement, nous avons remarqué la collection de son président, M. HUOT, de Saint-Léger, près de Troyes, qui exposait des céréales, des betteraves fourragères, du maïs, des haricots et des pommes de terre, une variété de betterave à sucre et une carotte fourragère créées par lui.

COMICE DE CHARTRES.

Le COMICE AGRICOLE DE CHARTRES qui, sous la présidence de M. Pierre Roussille, représentait le département d'Eure-et-Loir, avec le Syndicat agricole de Chartres, avait surtout exposé à la Classe 38.

Parmi les produits qui ressortissaient à la Classe 39, nous avons remarqué toute une belle collection de céréales (blés, avoines, orges) et de variétés de pommes de terre provenant de l'exploitation de M. RICOIS.

SOCIÉTÉS AGRICOLES DE LA HAUTE-MARNE.

La Haute-Marne figurait dans une exposition collective, placée sous la tutelle des SOCIÉTÉS AGRICOLES DES ARRONDISSEMENTS DE CHAUMONT, LANGRES ET VASSY ET DU CANTON DE JOINVILLE, et préparée par les soins de MM. Cassez et Philippe.

Au nombre de ces sociétés, le Comice agricole du canton de Joinville, qui s'occupe surtout d'agriculture pratique et d'économie rurale, tient une place remarquable.

HAUTE-LOIRE.

M. Chaudier, directeur de la Ferme-École de Nolhac (Haute-Loire), exposait une collection de beaux produits récoltés sur les champs d'expériences de cet établissement où l'on pratique la culture intensive avec fumier de ferme et engrais chimiques.

La collection présentée comprenait des variétés de céréales qui donnent pleine satisfaction.

SEINE-ET-MARNE.

La Société d'agriculture de l'arrondissement de Fontainebleau (Seine-et-Marne), qui a son siège à Nemours, avait organisé à ses frais une exposition collective intéressante.

MM. Muret frères, de Noyon-sur-Seine (Seine-et-Marne), exhibaient une collection réussie de céréales, de betteraves et de plantes fourragères récoltées par les procédés de culture les plus nouveaux dans une exploitation de 436 hectares que le drainage a transformés.

Dans le même département de Seine-et-Marne, nous trouvons également la belle exposition de céréales et fourrages de M. Louis Brasseur, propriétaire de la ferme de Grandvillers-en-Brie.

Cette ferme, dont l'acquisition ne remonte qu'à 1887, a été complètement transformée par cet agriculteur.

En présence des médiocres résultats obtenus jusque-là dans l'exploitation, M. Brasseur s'est mis d'abord à assainir ses terres et à en modifier la composition par des amendements nombreux, puis il les a soumises à une culture intensive par un emploi abondant de fumier de ferme et d'engrais chimiques.

Il est parvenu, en ce qui concerne le blé, l'avoine et les betteraves, à des rendements respectifs de 35 hectolitres, 62 hectolitres et 45 quintaux à l'hectare.

FINISTÈRE.

M. Léon Chandora, qui habite à Moissy-Cramayel (Seine-et-Marne), exposait des spécimens de céréales et de plantes fourragères, provenant d'une exploitation de plus de 100 hectares qu'il s'est créée pour ainsi dire de toutes pièces, grâce à de nombreux travaux de desséchement, de drainage et de défrichement dans les terrains incultes et marécageux de Plabennec (Finistère).

DORDOGNE.

M. Georges Dethan, qui exploite la propriété de la Côte, commune de Biras (Dordogne), exposait diverses variétés de blés et d'avoine, de la luzerne, du sainfoin, du trèfle et un échantillon d'herbe de prairie; le tout récolté sur des terres calcaires, pauvres et soumises à un climat souvent sec.

Malgré des conditions de culture aussi défavorables et le bas prix des produits du sol, M. Dethan est parvenu à obtenir des rendements rémunérateurs en ce qui concerne le blé et l'avoine.

L'exploitation, qui est de 533 hectares, comprend une grande étendue de prairies.

EURE.

Le Syndicat agricole de l'arrondissement de Bernay (Eure), dont l'existence ne date que de 1892, mais dont l'œuvre est déjà notoire, avait envoyé des échantillons de blé, d'avoine, de colza, de betteraves, etc., provenant de ses champs d'expériences et de la culture de l'arrondissement.

Ce syndicat a pour objet l'achat en commun de toutes les matières premières utiles à l'agriculture : engrais, plâtres, sels, tourteaux, machines, semences, afin de les obtenir à meilleur marché. Il se propose surtout de réprimer la fraude dans le commerce des engrais et des semences.

Il entre aussi, dans son programme, de propager l'enseignement agricole par des cours, conférences ou autres moyens, de créer des champs de démonstration, de rechercher des débouchés pour la vente des produits agricoles; d'examiner toutes les mesures économiques et toutes les réformes législatives que peut exiger l'intérêt de l'agriculture et d'en réclamer la réalisation des autorités et pouvoirs compétents.

COMICE DE SOISSONS.

Nous citerons, pour terminer, la revue des exposants de la culture générale proprement dite, le Comice agricole de Soissons, qui présentait des produits remarquables prélevés dans les exploitations de sa circonscription.

Fondée en 1849, cette association compte parmi ses membres un grand nombre d'agriculteurs et d'industriels de haute valeur. Elle s'est occupée, durant ces vingt-cinq dernières années, très activement de toutes les questions agricoles, tant au point de vue législatif qu'au point de vue de la pratique culturale

PRODUITS SPÉCIAUX.

Les produits dont il va être parlé, que nous désignerons sous le nom de *spécialités*, ont été rattachés à la culture générale, soit parce qu'ils en sont des sous-produits, soit à cause de la place prépondérante qu'ils tiennent dans l'exploitation de quelques agriculteurs.

C'est ainsi que les pois, qui sont plutôt du domaine de la culture maraîchère, prennent une large part de l'exploitation agricole de M. Montmirel, de Villiers-le-Sec (Seine-et-Oise).

Cet agriculteur consacre annuellement, sur les 360 hectares de terre qu'il cultive, 35 hectares à la culture des petits pois dont il fait des conserves.

Il a même eu l'ingénieuse idée de soumettre à la distillation les cosses de cette plante et il est parvenu à en tirer 2 p. 100 d'alcool. Le résidu, placé en silos, comme la pulpe de betteraves, sert ensuite de fourrage.

C'est en 1897 que M. Montmirel, craignant de voir un jour la consommation de l'avoine diminuer par suite des progrès de l'automobilisme, entreprit de remplacer, en partie, la culture de cette céréale par celle des petits pois. Il y consacra d'abord une surface de 20 hectares, puis appréhendant de ne pas trouver le facile écoulement de ce nouveau produit, il installa une usine de conserves.

La marque qu'il a créée est déjà si appréciée dans le commerce, qu'en 1900 la surface ensemencée en petits pois s'élevait à 35 hectares.

M. Montmirel cultive aussi d'une façon tout à fait rationnelle le blé et la betterave de distillerie qu'il transforme lui-même en alcool.

La maison CAFFARENA (Paul) et Cⁱᵉ, de Marseille, qui, sans être producteur, exposait à la Classe 39 des légumes secs, pois cassés et riz, est un établissement qui paraît être de premier ordre pour la vente et la préparation de ces produits.

Elle reçoit des pays étrangers ses légumes secs à l'état brut et, au moyen d'appareils appropriés, elle les soumet à un triage et à un nettoyage qui les débarrasse de tous les corps étrangers auxquels ils sont mélangés.

Ensuite elle livre ses haricots, ses pois chiches et ses riz au commerce; elle transforme d'énormes quantités de pois ordinaires en pois cassés. Plus de 30,000 quintaux métriques de ce produit sortent tous les ans de cette maison.

CHICORÉE À CAFÉ.

La production de cette racine prend une extension de plus en plus considérable dans la culture générale de la région du Nord. Ainsi, dans le seul arrondissement de Dunkerque, le produit en cossette qui était, en 1889, de 1 million de kilogrammes, a dépassé aujourd'hui le chiffre de 7 millions de kilogrammes.

Cette culture est donc à même de fournir de nouvelles ressources à l'agriculture, à condition d'employer des variétés de choix sélectionnées, de donner à la terre de bonnes façons culturales et de faire emploi de fumier court ou d'engrais chimiques.

La variété qui semble le mieux convenir aux terres du Nord, celle qui est maintenant cultivée avec avantage, c'est la magdebourg.

Notre voisine, la Belgique, malgré nos droits protecteurs et le prix élevé de ses cossettes, continue à approvisionner les marchés français, à cause de la supériorité incontestable de la qualité de ses racines et l'abondance de sa main-d'œuvre à bon marché qui lui en facilite la production.

Un agriculteur de Loon-Plage, M. MATRENGHEN, s'est fait une spécialité de la culture de la chicorée à laquelle il emploie 70 hectares de son exploitation.

M. Matrenghen avait exposé la série complète des produits relatifs à cette industrie, depuis la racine jusqu'aux poudres de chicorée de toute grosseur et de toute qualité. C'est avec la racine magdebourg qu'il obtient le rendement le plus-élevé, soit 40,000 kilogrammes à l'hectare, d'une valeur de 1,100 à 1,800 francs. Les frais de culture à partir de l'ensemencement, c'est-à-dire après labours, fumures, etc., peuvent être évalués, arrachage compris, à 160 francs l'hectare.

MALT.

L'industrie de la malterie, qui a son origine en Allemagne, ne s'est développée en France que depuis cinquante ans environ.

Depuis 1889, la malterie a fait des progrès sensibles. Les méthodes de maltage ont complètement changé et, par conséquent, l'outillage a été modifié.

Le maltage à la main à la température ambiante, pratiqué jusqu'alors, a été remplacé petit à petit par le système pneumatique. Seules les brasseries qui maltent elles-mêmes leurs orges ont conservé en partie l'ancien système.

Les principaux centres de production sont : le Nord où se cultive l'escourgeon, le Centre et l'Est où se cultive l'orge.

La culture de ces céréales s'est beaucoup développée dans ces dernières années.

L'ancien système, ou maltage à chaud, encore employé partiellement aujourd'hui, consistait à faire germer l'orge dans des locaux appelés germoirs et disposés *ad hoc*. Après avoir fait tremper l'orge dans des cuves, on l'entassait dans les germoirs sur une épaisseur de 0 m. 10 à 0 m. 15 et on l'y faisait séjourner de huit à dix jours en la remuant de temps en temps. Puis on remontait l'orge, une fois dégermée, sur des tourailles dont la température était assez élevée pour sécher l'orge et la transformer en malt.

Le nouveau système, qui tend à se répandre de plus en plus et qui est dû à l'initiative de MM. Galand et Saladin, consiste à germer l'orge à une température de 12 à 13 degrés Réaumur. Il a amené l'invention d'un appareil dit *tambour,* qui permet de faire d'une façon toute mécanique les deux opérations de la germination et du touraillage.

La Société anonyme de la malterie franco-suisse a pris dans cette industrie une place considérable.

Cette maison fut fondée, en 1861, par M. Eckeinsten, pour la vente des houblons à laquelle s'adjoignirent successivement le commerce des orges et la fabrication des malts.

Une première usine fut créée à Bâle en 1878. Depuis, avec le développement de la brasserie et grâce à l'emploi des procédés de fabrication les plus nouveaux, les affaires ont suivi une marche ascendante et, en 1893, la maison, devenue depuis 1890 la Société de la malterie franco-suisse, possédait des succursales au Puy, Issoudun, Dijon, Neutra (Hongrie) et Dinglingen (grand-duché de Bade).

Sa production annuelle s'élève à 16 millions de kilogrammes.

Elle déclare acheter tous les ans en France 120,000 à 150,000 quintaux d'orge, dont une partie est destinée à l'exportation.

La Société anonyme des malteries franco-belges, qui a son siège à Saint-Amand-les-Eaux, représentait, par ses produits, l'industrie de la malterie d'une façon remarquable. Cet important établissement, qui fut créé par M. Bouchard père en 1850, possède deux usines à Saint-Amand et une troisième à Belœil (Belgique), qui fonctionnent à l'aide des appareils les plus perfectionnés. La main-d'œuvre y est considérablement réduite et les moyens de transport simplifiés par ce fait que les trois usines sont situées près du canal, ce qui permet de faire à l'aide d'élévateurs les déchargements de grains à l'arrivée; en outre, elles sont reliées, pour l'expédition des produits fabriqués, par une voie spéciale au chemin de fer voisin.

La production annuelle de la maison est de 10 millions de kilogrammes de malts divers.

M. Beirnaert, malteur à Bergues (Nord) exposait avec de fort belles orges, notamment l'orge *Victoria des salines* d'une qualité supérieure, deux variétés de malts : les malts pour bières ordinaires du Nord qui se vendent couramment en France et qui proviennent des orges d'Afrique et des escourgeons de France, et les malts pour bières de choix vendus en Belgique et qui sont le produit des meilleures orges.

La malterie de M. Beirnaert qui, à ses débuts en 1873, préparait 4 millions et demi de kilogrammes de malt, s'est successivement agrandie en même temps qu'elle adoptait les procédés de fabrication les plus récents.

Sa production annuelle s'élève actuellement à 70,000 quintaux.

M. Albert Luneau exploite à Issoudun (Indre) une importante malterie dans laquelle il n'emploie que l'orge de pays récoltée dans le département.

En dehors des produits de sa fabrication, M. Luneau exposait une orge importée du Canada en 1896. Il fait cultiver cette orge pour son propre compte et la propage dans le pays où elle donne actuellement des résultats remarquables au point de vue de la qualité et du rendement.

M. Weil (Camille), malteur-brasseur à Châteaudun (Eure-et-Loir), avait envoyé à l'Exposition, avec de beaux malts, différentes variétés d'orges avantageuses qu'il s'est efforcé d'acclimater dans la Beauce, en même temps qu'il incitait les cultivateurs de sa région à étendre la culture de cette céréale.

MAÏS.

La maison Hirsch et fils a exposé des houblons et des maïs. Les houblons ressortissent plutôt à la Classe 41. Disons seulement que la collection qui nous a été présentée était des plus variées et que nous avons remarqué particulièrement un mode d'emballage en cylindres de tôle hermétiquement clos, destiné à mettre les marchandises à l'abri de l'air et de l'humidité.

On peut, à l'aide de ce procédé, conserver au houblon ses qualités et son arome pendant bien plus longtemps qu'au moyen de l'emballage ordinaire en balles.

Quant au maïs, les produits présentés étaient des semoules et des issues.

Les semoules, fabriquées à l'aide de machines spéciales américaines, sont dépouillées du son et du germe, lequel, comme on sait, contient toutes les matières grasses du maïs. Ainsi dégraissées, avec leur forte teneur en amidon, elles ont leur emploi en brasserie où elles remplacent notamment les succédanés, tels que la glucose. C'est une industrie tout nouvellement introduite en France. Déjà très florissante dans d'autres pays, tels que l'Amérique, l'Angleterre, la Belgique, MM. Henri Hirsch et fils lui ont imprimé une grande activité dans notre pays, et ce produit nouveau mérite de retenir l'attention. Quant aux issues, qui contiennent tout le son et tout le germe du grain, elles forment, grâce à leurs qualités nutritives, un excellent aliment pour le bétail.

LA MÉLASSE.

Après que Claude Bernard eut découvert que l'une des fonctions du foie était l'élaboration d'une substance, le glycogène, qui se transforme presque instantanément en sucre, de nombreux travaux furent entrepris pour rechercher le rôle du sucre dans l'économie.

M. Chauveau, dans un travail des plus intéressants, a montré que le glycose était l'élément immédiat du travail musculaire et constituait, d'autre part, une source de chaleur animale.

Ces constatations ont conduit tout naturellement certains professeurs et savants à expérimenter l'emploi des substances sucrées dans l'alimentation.

M. Grandeau, entre autres, l'éminent maître, a décrit dans une étude spéciale le rôle du sucre dans l'alimentation de l'homme et des animaux et, en particulier, celui de la mélasse dans le régime alimentaire du bétail.

Il résulte des nombreuses expériences faites par M. Grandeau et ses collaborateurs sur des chevaux de la Compagnie générale des voitures que :

1° Le foin est de tous les aliments le moins favorable à l'entretien du cheval de service ;

2° Le travail maximum a été obtenu avec la ration la plus pauvre en matières azotées et la plus riche en matières sucrées ;

3° Le travail produit a augmenté avec la matière calorifique (valeur produite, on le sait, par le sucre) ;

4° L'entretien du poids vif de l'animal a été le mieux assuré par les rations riches en matières sucrées ;

5° La dose élevée du sucre dans la ration n'augmente pas la soif de l'animal.

Des expériences du même genre, faites à l'École d'agriculture de Berthonval (Pas-de-Calais), ont conduit aux conclusions suivantes :

La mélasse introduite dans la ration des moutons, des porcs ou des bêtes bovines augmente assez rapidement le poids vif de ces animaux ;

La mélasse constitue une excellente nourriture pour les chevaux, qui s'habituent facilement à ce régime et ne semblent en éprouver aucun inconvénient.

La mélasse peut s'employer avantageusement pour faire consommer les fourrages avariés, pour rendre les pailles appétissantes et faciles à digérer.

M. Dechambre, enfin, dans son remarquable rapport au Congrès de l'alimentation rationnelle du bétail, en 1899, préconise :

1° L'emploi de la mélasse dans le régime hygiénique et thérapeutique des chevaux emphysémateux ;

2° L'emploi de la mélasse comme condiment pour l'utilisation des fourrages avariés ou de mauvaise qualité.

Toutes ces remarques justifient donc l'introduction de la mélasse dans la nourriture des bestiaux.

Mais l'emploi de cette matière à l'état liquide est désagréable, car à cause de sa nature poissante elle adhère à tous les vases qu'elle touche. En outre, sous cette forme, elle se répartit difficilement entre les animaux.

C'est pour obvier à ces inconvénients qu'on a cherché à la mélanger avec d'autres substances telles que le son, le maïs, la tourbe ou les produits inférieurs de la mouture.

PAIN-MÉLASSE.

Un de ces mélanges figurait à l'Exposition sous le nom de *pain-mélasse*.

Ce produit est fabriqué par M. Vaury.

M. Vaury se sert, pour faire son mélange, des bas produits de la mouture qu'il soumet à la fermentation et à la cuisson pour rendre plus faciles la digestion et l'assimilation de ce nouvel aliment. La production journalière du *pain-mélasse* accusée par M. Vaury est de 40,000 kilogrammes.

LA « LACTINA SUISSE ».

Un produit curieux, parmi les spécialités qui nous occupent, était présenté par M. Brunner, de Lyon ; c'est la *Lactina suisse*, sorte de farine lactée pour l'élevage et l'engraissement des veaux et porcelets.

Cette préparation composée d'éléments nutritifs peut, dans une certaine mesure, suppléer au manque ou à l'insuffisance du lait employé à l'élevage des jeunes animaux.

CAFÉ.

M. Abadie, à Ore (Haute-Garonne), exposait les échantillons des cafés qu'il récolte dans le Honduras où il possède une immense propriété consacrée en partie à la culture de ce produit. Le reste de ce domaine est occupé par les pâturages, la culture du blé et celle du maïs.

Ce n'est qu'après de nombreux travaux et d'énormes sacrifices que M. Abadie est parvenu à défricher, à assainir, à mettre en valeur, en un mot, les terrains qui lui avaient été concédés. Mais il a vu ses efforts couronnés de succès, car aujourd'hui, sans parler de ses 3,000 bêtes à cornes, de ses 350 mulets et de ses 125 juments, M. Abadie arrive à produire annuellement 4,500 quintaux d'un café très estimé.

Le Jury a, du reste, jugé M. Abadie digne de la plus haute récompense.

PLANTES SACCHARIFÈRES.

BETTERAVE À SUCRE.

Historique. — La betterave à sucre a commencé à être cultivée dans le premier quart du xixᵉ siècle. Cette culture eut des débuts modestes et parfois pénibles. Sous le premier Empire diverses circonstances, notamment le blocus continental, en favorisèrent le développement. Mais elle faillit sombrer après les désastres de 1815. Grâce à la persévérante ténacité de quelques fabricants de sucre qui avaient confiance dans l'avenir de l'industrie naissante, la culture de la betterave put se maintenir et se développer sans entraves jusqu'en 1837. L'année précédente, la récolte s'élevait déjà à 1,012,770,589 kilogrammes. Elle avait décuplé en dix ans.

Cette progression eut pour résultat d'alarmer les colonies productrices de canne et les intérêts connexes. Des récriminations se produisirent, et, en 1837, fut inauguré le régime fiscal qui, après bien des changements, n'a pas cessé de peser sur le sucre indigène dont il a toujours restreint la consommation, entravant par là le développement de la culture de la betterave.

Néanmoins, malgré cet obstacle, la marche de cette culture jusque vers 1864 fut encore assez rapide en même temps que les rendements étaient suffisamment rémunérateurs.

En 1848, la valeur moyenne de la betterave était de 18 francs les 1,000 kilogrammes pour une plante contenant 12 p. 100 de sucre dont on extrayait 6 p. 100. Le résidu constituait un fourrage très apprécié. Les frais de culture étaient de 354 francs à l'hectare et le rendement de 29,000 kilogrammes environ.

Dès 1840 on avait déjà su apprécier dans la betterave, outre ses qualités intrinsèques, l'heureuse influence qu'elle a sur l'amélioration du sol et sur la culture du blé dont elle augmente le rendement.

Mais en ce qui concerne la culture de la plante elle-même peu de changements s'étaient produits depuis 1835. Les producteurs de graines et les fabricants, persuadés que c'était surtout par la quantité qu'il fallait abaisser les prix de revient, restaient trop indifférents à l'amélioration de la racine. Le contraire se passait à l'étranger, en Allemagne et en Autriche, par exemple, où l'on s'appliquait à créer des variétés riches en sucre en même temps qu'on développait considérablement la culture de la betterave.

De 1860 à 1880, après quelques années de prospérité, les bouleversements continuels de la législation et surtout la concurrence étrangère portèrent une atteinte grave à l'industrie de la betterave. Et en quelques années la production avait diminué dans des proportions inquiétantes.

C'était, à bref délai, la disparition de la betterave dans notre culture générale et la suppression de l'une des principales sources de la prospérité nationale, si la bienfaisante loi de 1884 n'était venue conjurer la catastrophe.

Loi de 1884; ses effets. — Cette loi a rendu la confiance au cultivateur épuisé par des sacrifices que son acheteur, condamné à la ruine, ne pouvait rémunérer.

Malgré que le sucre extrait par le fabricant diminuait de 1885 à 1895 dans le rapport de 50 francs à 25 francs par 100 kilogrammes, la valeur de l'unité de sucre dans la betterave payée au cultivateur a été portée de 1 fr. 90 à 2 fr. 15.

La betterave, dont le prix moyen aux 1,000 kilogrammes était en 1884 de 19 fr. 08, atteignait 28 francs en 1895, 30 francs en 1899.

Le rendement à l'hectare était de 32,000 kilogrammes en 1884, avec des betteraves contenant environ moitié moins de sucre que celles cultivées aujourd'hui et dont le rendement moyen atteint 27,000 à 28,000 kilogrammes.

Depuis 1884, la superficie ensemencée en betteraves a augmenté de 32 p. 100 et la production totale s'élève, en 1895, à plus de 6,700,000 kilogrammes. L'effet produit par la législation de 1884 ressort du reste sans commentaire du tableau comparatif suivant :

	1884-1885.	1899-1900.
Hectares ensemencés.............	145,635	265,684
Prix de la betterave aux 1,000 kil..	19ᶠ 08ᶜ	30ᶠ 06ᶜ
Rendement industriel en raffiné par 100 kilogr. bruts............	5,99 p. 100	11,755 p. 100
Produit à l'hectare.............	596ᶠ 99ᶜ	836ᶠ 69
Recette totale de betteraves en tonnes.	4,556,796	7,394,475
Valeur totale en francs..........	86,943,667ᶠ	222,277,945ᶠ
Rendement à l'hectare..........	31,289 kilogr.	27,832 kilogr.
Quantité de pulpes livrées à la culture....................	1,207,248,008 kilogr.	3,219,751,486 kilogr.
Valeur totale de ces pulpes......	10,394,405ᶠ	13,361,533ᶠ

En résumé, le cultivateur a profité à la tonne de betteraves de 58 p. 100 d'augmentation et, grâce à l'extension provoquée par cette majoration de prix, la culture de la betterave a vu ses recettes brutes annuelles en accroissement de 135 millions.

Toutefois, malgré le nouvel essor que la betterave a pris depuis 1884, la France, après avoir tenu pendant plus d'un demi-siècle la tête de la fabrication européenne, était en 1896 au quatrième rang, après l'Allemagne, l'Autriche-Hongrie et la Russie. Le nouveau siècle la voit regagner le deuxième rang. Il importe que ce développement hélas! trop tardif ne soit pas entravé par de funestes modifications législatives. Bien plus, il est désirable que l'on puisse arriver à la suppression de l'impôt sur le sucre afin d'augmenter la consommation de ce produit et donner par là à la culture de la betterave tout le développement dont elle est susceptible.

Graines de betteraves. — La production des graines d'une plante aussi utile joue un rôle très important. La France, pendant longtemps, avait conservé le monopole de la graine de betterave, elle fournissait presque totalement les étrangers.

Cette situation privilégiée a été perdue, mais grâce à un droit compensateur et à une transformation dans la culture de cette semence, bientôt il ne devra être semé sur le sol national que de la graine française et on peut espérer voir reconquérir une partie du marché étranger.

La richesse nationale dans la crise agricole actuelle, qui voit déprécier la valeur de tous les produits, semble intimement liée à la culture de la betterave qui favorise la production abondante et économique du blé.

Répercussion de la culture de la betterave. — Il ne faut pas croire que seules les régions où se cultive cette plante soient intéressées à sa prospérité. La division du travail permet de spécialiser à chaque sol la production à laquelle il est le plus propre. Si les départements du Nord, du Pas-de-Calais, de l'Aisne, de la Somme, de l'Oise, etc., ont des terres qui se prêtent particulièrement à la culture intensive du blé par la betterave, ils utilisent avantageusement pour tout le monde les produits des pays d'élevage qui fournissent, par an, plus de 100,000 bœufs de trait aux cultures de betteraves.

Les efforts de tous doivent être concentrés sur le besoin de perpétuer cette bonne économie rurale qui repose sur la spécialisation de la culture suivant le climat et les circonstances locales.

Betteraves de distillerie. — Il est cultivé particulièrement pour la distillerie une assez grande quantité de betteraves à sucre, moins riches que celles employées en sucrerie. Le chiffre d'hectares est très variable, car la distillerie, tirant sa matière première de sources différentes, se porte de préférence vers celle qui lui offre le prix d'achat le plus faible.

Sorgho. — Cinq à six mille hectares en France sont annuellement cultivés en sorgho pour des usages particuliers, mais on n'en extrait pas de sucre.

IMPRIMERIE NATIONALE.

CONSIDÉRATIONS SUR LA CULTURE DE LA BETTERAVE

EXPOSANTS DE LA CLASSE 39.

C'est à regret que, forcé de limiter le développement à donner au présent rapport, je ne puis faire, avec autant de détails que je le voudrais, l'analyse des expositions de la Classe 39 qui se spécialisent dans la culture de la betterave comme pivot de leur exploitation.

D'autre part, exposant moi-même dans cette catégorie, je préfère emprunter à un homme exceptionnellement compétent des appréciations que j'estime très judicieuses; et c'est pourquoi je demande la permission à mon ami, M. Georges Dureau, de reproduire ici les passages qui intéressent la Classe 39 de son excellente étude : *L'industrie du sucre à l'Exposition universelle de 1900* :

Avant de passer en revue les diverses parties de l'Exposition universelle ayant trait à l'industrie du sucre de betterave ou de canne, peut-être ne sera-t-il point inutile de jeter un coup d'œil sur le chemin parcouru depuis la dernière Exposition internationale tenue à Paris.

Nos lecteurs n'ignorent pas que la consommation universelle du sucre progresse d'une façon à peu près continue. Actuellement, elle se chiffre à environ 7,700,000 tonnes. En 1898-1899, elle a atteint 7,680,000 tonnes, tandis qu'il y a dix ans, en 1889-1890, elle n'avait été que de 5,760,000 tonnes. Elle a donc augmenté durant cette période de 1,920,000 tonnes, soit de 33 p. 100.

La production générale du sucre, suivant l'augmentation de la demande, a progressé d'une manière notable depuis 1889 : elle a passé, en effet, de 5,703,000 tonnes en 1889-1890 à 7,957,000 tonnes en 1899-1900, soit un accroissement de 2,254,000 tonnes ou de 39 p. 100. Mais le progrès est surtout remarquable si l'on considère la production du sucre de betterave. Au début de la dernière décade, la proportion du sucre de betterave atteignait 62.5 p. 100 de la production totale et celle du sucre de canne 37.5 p. 100. Aujourd'hui le sucre de betterave forme les 68.4 p. 100 de la production totale, tandis que la part du sucre de canne est de 31.6 p. 100 seulement.

A quoi est dû le recul de ce dernier? A deux causes principales bien connues. Tout d'abord, les événements politiques et la guerre hispano-américaine ont entraîné une diminution considérable dans la production sucrière des anciennes colonies espagnoles; en second lieu, l'aggravation du système des primes en Europe, puis la création des cartels en Autriche, ont eu pour effet de stimuler puissamment la production du sucre de betterave.

C'est ainsi que de 1889 à 1900, la production de l'Autriche-Hongrie a passé de 740,000 à 1,100,000 tonnes; celle de l'Allemagne, de 1,261,000 à 1,785,000 tonnes; celle de la France, de 774,000 à 925,000 tonnes; celle de la Russie, de 448,000 à 925,000 tonnes; celle de la Belgique, de 209,000 à 270,000 tonnes; celle de la Hollande, de 53,000 à 170,000 tonnes; celle du Danemark, de 20,000 à 40,000 tonnes; celle de la Suède, de 17,000 à 80,000 tonnes; celle de la Roumanie, de l'Italie, et de l'Espagne, de 41,000 à 70,000 tonnes; celle des États-Unis d'Amérique, de 2,000 à 73,000 tonnes. Au total, l'Europe et l'Amérique du Nord ont, pendant la dernière décade, porté leur production de 3,565,000 tonnes à 5,438,000 tonnes, tandis que les colonies n'ont augmenté la leur que de 2,138,000 à 2,519,000 tonnes.

Dans certaines colonies à sucre de canne, l'exportation a rétrogradé depuis dix ans : telles la Trinidad, la Barbade, Cuba, Demerara, la Guadeloupe, la Martinique, les Indes orientales, les Philippines, Porto-Rico; d'autres contrées, au contraire, accusent un progrès plus ou moins notable; ce sont notamment : le Brésil, l'Égypte, Hawaï, Java, la Louisiane, Maurice, le Pérou.

Quant à l'industrie française, sa situation, comparée à celle de l'industrie étrangère, ne semble pas s'être améliorée depuis 1889; il y a dix ans, sur une production totale de 3,565,000 tonnes de sucre de betterave en Europe et aux États-Unis, la France fournissait 774,000 tonnes, soit 21.5 p. 100 du total; à l'heure actuelle, elle entre dans le total de 5,438,000 tonnes pour 925,000 tonnes, soit 17 p. 100. La production française a donc plutôt perdu que gagné du terrain pendant la dernière décade. Et cependant, l'industrie sucrière indigène n'a rien négligé pour se mettre au niveau de ses concurrents; elle a amélioré sa culture betteravière, transformé et développé la puissance de son outillage; elle a enfin réduit notablement ses frais de fabrication et abaissé son prix de revient.

Les bienfaits de la culture de la betterave sont de plus en plus appréciés des cultivateurs intelligents. Partout où la culture de cette plante a pénétré, les conditions générales de la production agricole se sont améliorées; les rendements en blé et en viande ont augmenté; l'aisance, le bien-être se sont répandus et se sont accrus d'une façon régulière. Aussi n'est-il point surprenant de voir l'aire de la culture betteravière s'étendre non seulement en Europe, mais aussi dans le Nouveau Monde.

En France, la betterave à sucre a gagné considérablement de terrain depuis un quart de siècle. De 52,000 hectares qu'elle occupait en 1857, sa superficie a passé à 110,000 hectares en 1867 et à 237,170 hectares en 1889. Depuis lors, la culture betteravière a fait de nouveaux et importants progrès, les emblavements ayant dépassé en 1899 le chiffre de 250,000 hectares et s'élevant, cette année-ci, à plus de 277,000 hectares. En dix ans, la culture de la betterave à sucre a donc augmenté de 40,000 hectares, soit d'environ 17 p. 100.

Il n'en a malheureusement pas été de même du rendement cultural, dont le taux a plutôt baissé; en 1867, on récoltait, en effet, en France, de 35,000 à 40,000 kilogrammes de racines à l'hectare, tandis qu'en 1889, année très favorable, le rendement ne fut que de 32,364 kilogrammes, et en 1898, de 25,744 kilogrammes. En revanche, l'amélioration des qualités saccharines de la racine a été considérable. Au lieu de 10 à 11 p. 100 de sucre que renfermait autrefois la betterave, on constate aujourd'hui dans la racine des teneurs de 14 à 16 p. 100 de sucre et même au delà, et le rendement industriel, de 5 à 6 p. 100 où il s'était tenu jusqu'en 1884, a progressé à 10.47 p. 100 en sucre raffiné en 1889-1890, et à 12.08 p. 100 en 1898-1899, progression sans laquelle, d'ailleurs, la fabrication du sucre eût cessé d'exister en France.

En raison de la moindre productivité des races de betteraves très riches en sucre que l'on cultive à cette heure, les frais de production de la tonne de racines se sont accrus et le fabricant a dû payer la betterave plus cher afin d'être certain de son approvisionnement. C'est ainsi que le prix d'achat officiel de la tonne de betteraves a passé de 20 fr. 64 à 20 fr. 99, où il se maintenait avant 1884, à 30 fr. 98 en 1889 et à 30 fr. 24 en 1898. C'est une augmentation de 50 p. 100 environ. Si justifiée qu'elle soit par les progrès de la culture, cette augmentation du coût de la matière première n'en est pas moins exagérée. Elle n'est d'ailleurs supportable pour la fabrique que grâce aux bonis d'impôt résultant de la législation de 1884, bonis qui pourraient disparaître un jour ou l'autre. Aussi la culture et la fabrication française devraient-elles faire tous leurs efforts pour produire et obtenir la betterave dans des conditions moins onéreuses.

Dans la Classe 39 (produits alimentaires d'origine végétale), placée au 1er étage de l'ancienne galerie des machines, nous avons remarqué plusieurs vitrines de fabricants de sucre et d'agriculteurs français renfermant des produits dignes d'attention. La COMPAGNIE SUCRIÈRE DE MONCHY-LAGACHE (Somme), dirigée par M. Lapierre, expose, dans une vitrine agencée avec beaucoup de goût, des produits de ses fermes et de son usine. Les échantillons de produits de la sucrerie proviennent de la dernière fabrication; ce sont les produits courants et journaliers du travail.

A son exposition de sucres, la Compagnie sucrière de Monchy-Lagache a joint des spécimens de ses blés, avoines, graines de betterave, ainsi qu'une intéressante monographie de l'exploitation agricole. Celle-ci s'étend sur 500 hectares. Le but fondamental de la culture est la production de la betterave destinée à alimenter la sucrerie : la culture du blé n'est pratiquée que par suite des nécessités de l'assolement, et c'est l'usine qui commande la ferme. Selon la nature des terres, la rotation

3.

est biennale (betterave, blé) ou triennale (betterave, blé, avoine), ou encore quadriennale ou d'une durée plus longue (betterave, blé, avoine, avec trèfle et luzerne, blé ou avoine et recommencement). Comme engrais, on emploie : le fumier d'étable, les tourteaux divers, le guano, etc., les engrais chimiques : nitrate de soude, superphosphate, sels de potasse, plâtre, chaux sous forme d'écumes de défécation de la sucrerie. La betterave seule est semée après amendement, et la fumure est calculée de façon que cette plante trouve toujours dans le sol 100 kilogrammes d'azote immédiatement assimilable et 130 kilogrammes d'acide phosphorique soluble par hectare et, en outre, pour certaines terres, 50 kilogrammes de potasse.

Les rendements en blé varient de 36 à 38 hectolitres à l'hectare; les betteraves à sucre rendent de 35,000 à 36,000 kilogrammes à l'hectare avec une densité moyenne du jus de 7 degrés. La tonne est payée 26 francs à 7 degrés. Pour 35 tonnes, le produit brut est de 910 francs à l'hectare, celui du blé est de 682 francs. Il ressort des résultats communiqués par la monographie que le bénéfice annuel total se monte à 100 francs par hectare, soit 14 p. 100 du capital d'exploitation, intérêt compris. M. Lapierre montre fort bien que la culture intensive de la betterave, dont la réussite est assurée par un système rationnel de fumure, est la base essentielle d'une organisation de ce genre :

«La culture de la betterave, dit-il excellemment dans sa notice, a sauvé l'agriculture de nos régions du Nord dans les années de mévente des blés; elle a conduit les cultivateurs à améliorer leurs méthodes; en effet, elle n'est aujourd'hui rémunératrice qu'à la condition de s'adonner à la production de la betterave riche, laquelle exige des procédés perfectionnés; d'autre part, le blé qui succède à la betterave trouve dans le sol un notable excédent d'engrais non encore utilisé, et la production de la betterave riche a pour conséquence naturelle l'augmentation du rendement en blé. La culture de la betterave incite donc à la culture intensive; par la somme considérable d'impôts qu'elle procure à l'Etat, par les profits rémunérateurs qu'elle offre aux capitaux, par les salaires qu'elle distribue, elle contribue pour une bonne part au développement de la richesse publique.»

L'exploitation de la Compagnie sucrière de Monchy-Lagache offre, comme on le voit, un intéressant sujet d'études au double point de vue agricole et industriel; et le rôle capital de la betterave dans l'agriculture de nos régions ressort clairement de la belle et intéressante exposition de cette Société.

La Société de Bourdon (Puy-de-Dôme), qui possède plusieurs établissements industriels et agricoles, sucrerie, raffinerie, distillerie et ferme, et qui produit 90,000 sacs de sucre (de 100 kilogrammes) par an, a organisé une exposition complète, agencée avec beaucoup de goût et comprenant les produits suivants : sucre semoule, sucre gros grain, sucre granulé, sucre cassé, sucre en poudre, alcools double rectification grande marque et salins de potasse. Les sucres de consommation de cette Société sont de fort belle qualité. Et cela ne nous surprend point, car il est notoire que les usines de Bourdon sont parfaitement outillées et dirigées. Dans une autre vitrine (ancienne galerie des machines, côté La Bourdonnais, 1er étage), la même Société expose de magnifiques produits agricoles de ses fermes : blés, graines de betterave, ainsi que des graphiques montrant l'influence de l'époque des gros labours et de l'époque des semailles sur le résultat des récoltes betteravières; on y remarque aussi les résultats des expériences sur la nitrification de l'azote atmosphérique, etc. La culture des céréales et celle de la betterave à sucre à Bourdon ne sont point, on le voit, livrées à l'empirisme.

Une exposition agricole et industrielle des plus dignes d'attention est celle de M. Albert Bouchon, fabricant et raffineur de sucre à Nassandres. M. Bouchon a acquis l'usine de Nassandres il y a déjà un bon nombre d'années. Il a complètement transformé l'outillage de cette usine et en a fait une sucrerie modèle. Nous avons rendu compte dans le *Journal des Fabricants de sucre* (n° du 11 janvier 1899) d'une visite faite par nous à Nassandres et signalé les particularités de cette belle installation à laquelle de nouveaux perfectionnements ont été récemment apportés. M. Bouchon ne s'est pas borné à la transformation de la fabrique primitive, il a annexé à son domaine des terres et des fermes en vue de la production de la betterave et des céréales et il s'est outillé pour la production du lait et du beurre par les procédés rationnels. En outre, il a installé, à proximité de sa fabrique, une raffinerie de sucre dont les produits trouvent un écoulement facile dans la contrée et même au delà, sur un rayon fort étendu. Rien de plus intéressant à voir fonctionner que les ingénieux appareils de la raffinerie de Nassandres, permettant la fabrication rapide du sucre blanc en morceaux de belle qualité.

Une brochure intitulée *Notes sur l'exploitation agricole de Nassandres* (Eure) renferme une série de renseignements variés sur la culture de cette exploitation, laquelle dépend directement de la sucrerie et ne comprend pas moins de six fermes. Sur l'organisation de ces fermes, les conditions générales de l'exploitation, l'outillage, le cheptel vivant, l'emploi des engrais, des résidus industriels, la production du lait, du beurre, etc., la notice entre dans nombre de détails que nous ne pouvons malheureusement reproduire ici en entier ; nous nous bornerons à citer les passages suivants :

Comme on l'a vu, dit la notice, la culture est située sur le plateau et l'usine dans la vallée; il y a une côte longue et raide pour arriver à la sucrerie, c'est une perte de temps pour les attelages et une fatigue de plus pour les animaux; s'il est vrai que c'est à la descente qu'ils sont chargés des betteraves, ils ne remontent pas pour cela à vide, puisque au retour ils charrient les pulpes et les écumes.

On a remédié à cet inconvénient par l'installation d'un plan incliné, véritable chemin de fer funiculaire qui part du haut de la colline pour aboutir à la sucrerie. Aux deux extrémités d'un câble sont deux trucs dont l'un montera tandis que l'autre descendra en entraînant le premier, grâce à la différence de poids obtenue en remplissant d'eau la bâche disposée à cet effet sur le truc. La longueur est de 300 mètres avec une pente de 0 m. 26 par mètre; la dépense d'eau est très faible quand on descend de fortes charges de betteraves pour ne remonter que des pulpes ou des écumes; une pompe centrifuge du système Schabaver, mue électriquement, refoule dans des réservoirs, à 86 mètres de hauteur, l'eau nécessaire au fonctionnement de l'appareil.

Une autre amélioration non moins importante a été réalisée par l'installation d'un système de débardage mécanique pour les betteraves qui arrivent à l'usine par l'embranchement qui la relie au chemin de fer. La Compagnie de Fives-Lille a exécuté en 1896, sur les plans de M. Roisin, ingénieur civil, un basculeur qui résout le problème du déchargement rapide et mécanique des wagons de betteraves, quelles que soient leurs formes ou leurs dimensions. Le wagon amené sur l'appareil est calé, puis basculé sous un angle de 35 degrés et vidé dans une trémie.

Au-dessous sont des wagonnets qui reçoivent les betteraves, par un plan incliné sur lequel ils sont entraînés par un câble sans fin; ils s'élèvent jusqu'à des passerelles établies sous des hangars du système Pomblà, qui abritent les transporteurs hydrauliques sur lesquels on forme les silos. Les wagonnets abandonnent automatiquement le câble au sommet du plan incliné; grâce à la légère pente que présentent les passerelles, ils continuent à rouler jusqu'à l'endroit voulu où un ouvrier les bascule pour les renvoyer ensuite vers leur point de départ et ainsi de suite.

Les silos peuvent contenir jusqu'à 12 millions de kilogrammes de betteraves qui se conservent ainsi dans d'excellentes conditions, au bout d'un mois, on ne constate ni altération ni pousse; la terre adhérente s'est desséchée peu à peu et tombe en poussière, de sorte que les betteraves sont propres et le lavage en est grandement facilité.

Ajoutons que cette année même on procède à l'installation d'un basculeur destiné au déchargement rapide des chariots, appareil étudié par M. Roisin et construit, comme celui des wagons, par la Compagnie de Fives-Lille.

Le transporteur hydraulique amène les betteraves des hangars jusque dans l'usine. De nouveau lavées, puis pesées, elles passent dans deux coupe-racines qui alimentent deux batteries de diffusion de onze diffuseurs de 40 hectolitres chacune et disposées en deux lignes parallèles.

Les cossettes épuisées tombent à la partie inférieure des diffuseurs dans un caniveau en pente, d'où une chasse d'eau les envoie au pied de l'élévateur du système Skoda de Pilsen; ceux-ci élèvent les cossettes en même temps qu'ils les pressent, l'eau sortant par les trous d'une tôle perforée.

Les pulpes évacuées tombent dans les chariots ou les wagons et vont servir à la nourriture des animaux.

Après la double carbonatation, les filtrations mécaniques répétées et la sulfitation, les jus passent à l'appareil à évaporer; filtré et sulfité de nouveau, le sirop obtenu est enfin cuit en grain et turbiné; on a alors du sucre de premier jet, blanc extra, qu'un transporteur à secousses et un élévateur conduisent à un granulateur où il est séché. Travaillés à part, les égouts du turbinage sont épurés, puis cuits en grain pour donner encore du sucre blanc; enfin, en troisième lieu, on retire encore des sucres roux de l'égout convenablement traité.

Tous ces sucres ne sont pas directement livrés à la consommation, mais travaillés de nouveau dans la raffinerie qui dépend de la sucrerie. On y trouve tout l'outillage nécessaire à la refonte des sucres, l'épuration de la clairce, la filtration mécanique sur le noir animal, la cuite en grain et la production du sucre en lingots cassés, ensuite en morceaux réguliers. Il n'y a plus alors qu'à procéder à l'encaissage ou à la mise en carton pour l'expédition.

Telle est, dans son ensemble, conclut la notice, l'exploitation de Nassandres, qui comprend trois parties bien distinctes : culture, sucrerie, raffinerie, mais si intimement liées entre elles qu'elles se complètent l'une par l'autre. C'est que toujours et partout le même esprit de méthode a présidé à toutes les entreprises. Si la sucrerie, où nous sommes dans le domaine de la mécanique et de la chimie, profite chaque jour des découvertes de la science, de même le lien qui unit la science à la culture devient toujours plus étroit et, grâce à cette féconde alliance, l'avenir témoignera de plus en plus que le beau et vaste champ d'études au milieu duquel les agronomes vivent et contemplent les phénomènes si variés de la vie végétale et animale offre à l'esprit un intérêt toujours nouveau et à l'âme une de ses plus saines occupations.

A signaler également la très belle exposition de M. J. Hélot, fabricant de sucre et agriculteur, à Noyelles-sur-Escaut. M. Hélot est un fabricant de sucre distingué et un habile agronome. Il expose au Palais de l'agriculture les résultats de ses recherches sur la reproduction asexuelle de la betterave, notamment par greffe, ainsi que des spécimens de graines provenant de greffes, et une greffe de betterave en pot; il nous montre, en outre, des moulages de betteraves types, des échantillons de sucres blancs, des sucres bruts pour le bétail, de masses cuites, mélasses, pulpes, égouts, des semences de blé, trèfle, et des photographies diverses. De plus, M. Hélot a publié, à l'occasion de l'Exposition, un très remarquable ouvrage accompagné de nombreux plans d'usines, statistiques, etc., et dans lequel il trace un fidèle tableau du développement de l'industrie du sucre de betterave de 1800 à 1900.

L'exposition agricole, envisagée au point de vue spécial de l'industrie du sucre de betterave, nous offre de nombreux sujets d'études. Qu'il s'agisse des instruments appropriés à la préparation, à l'entretien du sol, à l'arrachage des betteraves, ou qu'il s'agisse des méthodes de culture et de sélection, du choix des semences et des engrais, le visiteur désireux de s'édifier sur ce sujet spécial pouvait faire ample moisson de renseignements variés.

La betterave à sucre, telle qu'on la récolte de nos jours dans les principaux pays producteurs de sucre, est en quelque sorte un produit artificiel. A l'état sauvage, la betterave ne contient, en effet, que fort peu de saccharose, et c'est uniquement par la façon spéciale dont elle est sélectionnée et cultivée qu'on est parvenu à porter la richesse saccharine centésimale de cette plante à un niveau égal et souvent supérieur à celui de la canne à sucre. Toute l'habileté du cultivateur de betterave à sucre consiste à s'assurer le concours des divers facteurs qui contribuent à l'élaboration du principe saccharin, indépendamment des influences climatologiques, lesquelles échappent fatalement à l'action de l'homme.

Quels sont donc ces facteurs? Ils peuvent se résumer en peu de mots : la qualité et la préparation du sol, le choix judicieux des engrais, la nature et la qualité de la semence, l'espacement des plants. Pour obtenir des betteraves riches en sucre il faut tout d'abord disposer de terres de choix; ces terres doivent être bien préparées par des labours profonds effectués avant l'hiver; les fumiers doivent être enfouis également avant l'hiver, les engrais d'assimilation rapide étant épandus au printemps. En second lieu, il faut employer des semences de variétés riches; ces semences ne doivent être confiées qu'à un sol en excellent état de préparation; le semis doit être hâtif, la date des semailles variant naturellement selon les localités, le climat, l'exposition, etc.; en troisième lieu, le nombre de plants doit être proportionné au degré de fertilité du sol et à l'importance de la fumure. Le rapprochement des plants assure l'allongement de la racine et le développement des feuilles, siège de l'élaboration du sucre, ainsi que la maturation de la plante dans le délai voulu. Enfin, il convient de donner de fréquents binages, en répétant l'opération aussi longtemps que le feuillage le permet. Il va de soi que les feuilles ne doivent jamais être arrachées durant la végétation.

C'est par l'application de ces quelques règles fort simples que la culture européenne est arrivée à produire couramment des betteraves contenant de 14 à 16 p. 100 de sucre cristallisable de leur poids et d'une grande pureté.

L'influence du mode de culture sur la teneur saccharine avait été observée il y a longtemps déjà par les anciens agronomes, Achard, de Vilmorin, Crespel-Dellisse et autres; toutefois, elle fut perdue de vue en France jusqu'en 1884 où un changement radical dans la législation des sucres vint obliger les cultivateurs à ne plus produire que des betteraves très sucrées. Ainsi fut démontrée de façon irréfutable l'inanité des théories en cours jusqu'alors et en vertu desquelles on considérait le climat et le sol de la France comme impropres à la culture de la betterave riche en sucre.

Depuis la loi de 1884, nul ne songe plus à nier l'influence des méthodes culturales sur la richesse saccharine de la betterave, et les cultivateurs de progrès s'évertuent à perfectionner leur système de culture en vue d'accroître ou de maintenir la teneur centésimale en sucre de leurs récoltes. Toutefois, l'amélioration de la richesse saccharine semble avoir été obtenue au détriment du rendement quantitatif; et cela est regrettable, ce dernier facteur ayant une importance capitale au point de vue du prix de revient de la tonne de betteraves.

Tandis que depuis une quinzaine d'années la teneur saccharine a passé de 10 p. 100 à 14 et 16 p. 100 et le taux de l'extraction en sucre raffiné de 6 p. 100 à 12 p. 100, le produit en racines par hectare a baissé : il n'est plus en moyenne que de 26,000 à 27,000 kilogrammes au lieu de 30,000 à 32,000 kilogrammes autrefois. Soucieux de remédier à cette cause d'infériorité entraînant une élévation du coût de la betterave et des frais de production du sucre, plusieurs fabricants de sucre, agriculteurs ou agronomes distingués, ont dirigé la sélection dans le sens d'un relèvement du rendement cultural et d'une réduction du prix de revient de la betterave.

Dans la section française, nous remarquons à ce titre M. J. Hélot, dont nous avons déjà signalé les recherches sur la reproduction de la betterave par greffe, qui expose les résultats de ses procédés de la betterave à sucre.

PRODUCTION DES GRAINES DE BETTERAVES.
MÉTHODE DE SECTIONNEMENT, DE BOUTURAGE ET DE GREFFAGE.

En ce qui concerne les méthodes de sectionnement, de bouturage et de greffage, nous reproduisons ici quelques pages de notre ouvrage : *Le sucre de betterave en France de 1800 à 1900.*

Ces pratiques font que les sujets exceptionnels sont multipliés identiquement à eux-mêmes; elles permettent de récolter, dès la première année, une quantité de graines qui peut s'élever à plus de cinquante fois ce qui est habituellement produit par une betterave mère.

Ce moyen de multiplication, dénommée peut-être improprement « asexuelle », a eu depuis quinze ans des partisans et des détracteurs dans tous les pays. L'Allemagne et la Russie semblent avoir peu de confiance dans ces procédés, mais en France et en Bohême, son pays d'origine, l'exploitation en grand de ces méthodes est couramment appliquée et les bons résultats n'en sont plus douteux. La théorie veut que, par la méthode sexuelle ou par graines, la fécondation réciproque ébranle la constance de la plante et occasionne ainsi une variation individuelle qui engendre souvent la réversion de mère extra riche à semence moins riche, parfois même relativement pauvre; tandis que par la méthode asexuelle végétative, on transmet inaltérées aux rejetons toutes les propriétés caractéristiques d'une race déterminée.

Le laboratoire ayant mis en évidence la teneur en sucre remarquable d'un sujet de forme irréprochable et de grosseur exceptionnelle, le but à poursuivre est de faire que la descendance de cette betterave élite soit mise sans retard à la disposition de l'agriculture en même temps que la fixité de ses qualités sera démontrée. Par l'application combinée sur une même plante du bouturage, du greffage et du sectionnement, il peut être tiré du sujet 1 2 kilogrammes de graines la première année. Il en est fait deux parts : l'une produira des betteraves mères immédiatement, c'est-à-dire en deuxième année; l'autre, semée l'année suivante, ne les donnera que la troisième année. Cette division est faite pour rendre annuelle la production d'une même descendance qui, autrement, ne se produirait que tous les deux ans. Avec 6 kilogrammes de graines, il est possible d'ensemencer, à la main ou avec un semoir spécial à poquets, environ 1 hectare duquel on tire 100,000 pieds de planchons. Après éliminations ou pertes pour causes diverses, il est planté l'année suivante 6 hectares de porte-graines qui produisent, la troisième année après la naissance de la betterave originale, 15,000 à 20,000 kilogrammes de graine commerciale.

Simultanément au semis des planchons, quelques graines sont placées dans des conditions normales pour contrôler leurs qualités ataviques. La famille nouvelle doit être surveillée à chaque génération, pour s'assurer qu'elle conserve toujours fixe la supériorité de la mère. Cette surveillance donne occasion de trouver une nouvelle plante encore plus remarquable, qui peut elle-même donner naissance à une nouvelle famille. On doit ainsi faire progresser indéfiniment une espèce répondant à un besoin donné, bien appropriée à un sol et à un climat.

Mais, s'il est possible de raccourcir par ces procédés la période nécessaire pour fixer un progrès dans la plante, et s'assurer de sa stabilité, il faut que le besoin auquel répond le progrès acquis se continue, d'où absolue urgence d'obtenir une fixité complète dans les lois économiques qui régissent la betterave et ses produits.

Pour arriver aux résultats ci-dessus, voici comment il est procédé dans la pratique : vers le mois de février, la plante est mise en terre dans une serre légèrement chauffée; au bout de quelques jours, des œilletons poussent au collet, on les détache aussitôt qu'ils ont 1 ou 2 centimètres, avec une petite gouge pour le greffage et une lame de canif pour le bouturage.

Pour le bouturage, il faut avoir soin de ne laisser autour de la pousse que le moins possible de chair, sans quoi la reprise serait compromise par la pourriture ou les insectes, et la plante ne donnerait que des radicelles.

La greffe est portée sur une betterave quelconque; elle est placée en pressant légèrement dans le trou pratiqué au préalable avec une gouge un peu plus petite que celle qui a servi à l'extraction.

Greffe et bouture sont placées en serre humide pour la reprise; 15 à 18 degrés centigrades suffisent; les variations de température sont à éviter. Souvent la greffe se pratique sur des petites betteraves de planchons dont on a coupé le collet pour éviter toute pousse naturelle; on peut également pratiquer le greffage sur des betteraves ordinaires de n'importe quelle race. Il faut avoir soin de casser toutes les pousses naturelles au fur et à mesure qu'elles se produisent. Du reste, lorsque le greffon est bien pris, il absorbe toutes les forces poussantes de sa mère nourricière. Il se développe sur la greffe des petits œilletons qui font qu'elle portera plusieurs rameaux de graines.

Après avoir pris sur la mère 50 greffes ou boutures, et parfois même davantage, on sectionne longitudinalement la plante en quatre ou six parties qui, par la végétation, reconstitueront une nouvelle racine. Le vieux fragment de betterave, comme du reste le porte-greffe, ne servira le plus souvent que de support, après avoir fourni le suc nécessaire dans la première phase de la nouvelle végétation. Les bourgeons développés donneront des bourrelets qui, croissant à leur tour, produiront une betterave aux formes bizarres. Souvent le fragment ou porte-greffe primitif pourrit et disparaît.

Il est prudent de mettre dans les trous pratiqués, sur le collet comme sur les sections coupées, de la poudre impalpable de charbon de bois qui favorise la cicatrisation de ces plaies.

Les greffes, boutures et sections, qui constituent trois sources différentes de semences pour une même betterave, sont transplantées en pleine terre vers la fin de mars et ont ainsi une avance sur les mères plantées directement en pleine terre.

La graine obtenue est aussi belle et jouit des mêmes qualités germinatives que celles données par les procédés ordinaires. Sa maturité plus précoce permet même, en certaines années, de semer, dès la fin de juillet ou le commencement d'août, la graine qui vient d'être récoltée et de gagner ainsi un an, puisque les planchons peuvent être mis en silos la même année, à la fin de novembre.

En 1899, dans l'exploitation de Noyelles-sur-Escaut, les betteraves mères plantées entières ont donné une moyenne de 210 grammes de graines par pied;

Les betteraves sectionnées par moitié en ont produit 180 grammes par fragment;

Celles sectionnées en quatre en ont fourni 160 grammes par quart;

Et enfin les greffes en ont rendu 325 grammes par greffon.

Les greffes cultivées en terre de jardinage montrent combien il est possible d'augmenter par une fumure intensive la production de graines sur une même plante.

M. Gonain, agriculteur à Offekerque (Pas-de-Calais), s'est assimilé d'une façon remarquable les méthodes de sectionnement, de bouturage et de greffage. Devinant les tours de mains cachés, il a perfectionné la pratique et ses efforts semblent devoir être couronnés de succès. Il paraît être parvenu, en effet, à créer une variété à fort rendement convenant au sol et au climat de sa région et conservant son degré de richesse saccharine.

M. Gorain avait envoyé à l'Exposition des spécimens de betteraves obtenues par sa méthode de production de la graine dite « généalogicoasexuelle ». Les rendements qu'il accuse atteignent 50,000 à 56,000 kilogrammes à l'hectare en racines dont le jus pèse 1,075 à 1,080 et contient en volume 17 à 19 p. 100 de sucre. Comparés aux rendements moyens de la France, ces résultats sont purement merveilleux. Les volumineux spécimens de betteraves qui figurent dans l'exposition de M. Gorain sont certainement une des curiosités du groupe de l'agriculture.

Un autre agriculteur fort habile, M. J.-B. STOCLIN, de Sainte-Marie-Kerque, obtient aussi, par une culture rationnelle et soignée, de hauts rendements culturaux et qualitatifs.

M. FOUQUIER D'HÉROUEL, agriculteur à Vaux-sous-Laon, a été un des premiers en France à démontrer la possibilité de produire des betteraves très riches en sucre et à grand rendement cultural. Son exposition comprend des spécimens de ses graines de betteraves riches à 22 p. 100 de sucre, des photographies de ses laboratoires de sélection, de ses types de betteraves, de sa ferme, des instruments de travail, ainsi qu'un modèle en réduction d'une boîte-magasin pour la conservation des graines de betteraves à l'état sec.

M. L. BRUNEHANT, de Pommiers (Aisne), nous donne le tableau détaillé des frais de culture par hectare pour la betterave à sucre, s'élevant au total à 856 fr. 84 pour un rendement de 31,086 kilogrammes de racines à 7°95.

EXPOSANTS DIVERS.

Nombre de travaux intéressants ont été publiés depuis plusieurs années sur la betterave à sucre par diverses stations agronomiques représentées à l'Exposition, notamment : la STATION AGRONOMIQUE DU PAS-DE-CALAIS, à Arras, dirigée par un savant aussi modeste que distingué, M. A. Pagnoul; l'ÉCOLE D'AGRICULTURE DE BERTHONVAL (Pas-de-Calais); la STATION AGRICOLE DE LAON, habilement dirigée par M. Gaillot; le SYNDICAT AGRICOLE DE LIEZ (Aisne), lequel expose, outre des produits agricoles divers, des masses cuites, sucre cassé, semoule, glace et graines de betteraves de la Société de la sucrerie-raffinerie de Liez.

PLANTES OLÉAGINEUSES.

DIFFÉRENTES ORIGINES DE L'HUILE COMESTIBLE.

Les graines et fruits oléagineux alimentaires tirés du sol national sont : l'olive, l'œillette, la navette, la faîne et la noix, que l'on exploite, soit en vue d'une consommation directe, soit surtout pour être converties en huiles comestibles.

Mais cette production est insuffisante pour les besoins de notre consommation et de notre commerce. Les négociants et les industriels achètent à l'étranger de grandes quantités d'olives, d'arachides, de sésames et de noix de coco dont ils extraient des huiles de différentes qualités.

Oliviers. — La France possède actuellement 133,400 hectares plantés d'oliviers. La production est de 2,160,000 hectolitres de fruits, dont 1,161,000 convertis en huile fournissent de ce produit 143,500 hectolitres. Cette production est évaluée à 31,500,000 francs pour les fruits et à 18,400,000 francs pour l'huile.

Œillette. — L'œillette, qui n'est plus guère cultivée que dans quelques départements du nord de la France, le Pas-de-Calais, notamment, voit son aire de production diminuer de jour en jour.

L'exportation de cette graine a été de 1,176,000 kilogrammes en 1890; elle est principalement destinée à la Belgique.

Voici, d'ailleurs, une statistique concernant la culture des plantes à graines oléagineuses : colza, navette, œillette, cameline.

Surface cultivée..................................	96,500 hectares.
Production de graines............................	1,581,000 hectol.
Production en huiles.............................	379,000 hectol.
Valeur... { en graines............................	31,000,000 francs.
{ en huiles.............................	38,000,000

Huile de noix. — Pour ce qui est de l'huile de noix, la récolte moyenne peut être évaluée à 1,156,500 hectolitres de fruits dont 360,000 hectolitres sont convertis en huile, et donnent de ce produit 37,500 hectolitres. La valeur de la production est de 14,174,000 francs en fruits et 6 millions en huile.

Huile de faîne. — Quant à la faîne, dont on extrait une huile abondante et douce, elle est surtout fournie par les hêtres des forêts d'Eu, de Crécy et de Compiègne. C'est notamment aux environs de cette dernière ville que s'effectue l'extraction de l'huile destinée au commerce. Ce genre d'exploitation forme une ressource assez importante pour les habitants de la contrée.

CULTURE DES OLIVIERS.

Parmi toutes ces cultures, l'olivier tient le premier rang, tant par la surface cultivée que par la qualité de l'huile qu'il produit.

Cette plante a toujours occupé une place importante dans l'agriculture méditerranéenne. Son aire de culture, limitée au midi par la mer, comprend aujourd'hui les départements suivants : Pyrénées-Orientales, Aude, Hérault, Gard, Ardèche, Drôme, Basses-Alpes, Alpes-Maritimes, Vaucluse, Var et Bouches-du-Rhône.

Dans chacun de ces deux derniers départements, la surface cultivée dépasse 20,000 hectares.

Cette zone culturale s'étendait autrefois plus au Nord et plus à l'Ouest. L'olivier a peu à peu reculé vers la mer, cédant la place à la vigne et au mûrier, devenus plus rémunérateurs, grâce au développement des moyens de communication et au perfectionnement de la pratique agricole.

Après avoir atteint, en 1866, une surface de 152,230 hectares, l'aire de culture de l'olivier descendait en 1882 à 125,430 hectares, soit une diminution de 26,000 hectares en moins de vingt ans. Depuis, cette décadence a subi un temps d'arrêt et la statistique de 1892 semble nous montrer que l'olivier a une tendance à reprendre de l'extension. Il occupait, en effet, à cette époque, une surface de 133,420 hectares; il a donc regagné 7,993 hectares en dix ans.

Les progrès vont-ils continuer? On n'oserait l'espérer. Il faudrait plutôt s'estimer heureux si l'olivier conservait ses positions actuelles. Il y a, toutefois, beaucoup de chances pour qu'il en soit ainsi, car les terrains replantés ces dernières années sont, à cause de leur aridité et de leur sécheresse, peu propres à la réussite de la vigne.

Du reste, la culture de l'olivier n'est pas forcément aussi ingrate qu'on veut bien l'admettre trop souvent; bien conduite, elle fournit des récoltes de 500, 600 et même 1,000 francs à l'hectare, laissant ainsi un bénéfice élevé.

Malheureusement, si la surface exploitée a regagné du terrain, les méthodes de culture restent encore trop souvent fort insuffisantes; et l'arbre, outre qu'il dégénère fréquemment, faute de soins, ne produit pas la récolte qu'il pourrait donner s'il était moins négligé.

L'exemple de quelques plantations bien soignées qui procurent à leurs propriétaires de jolis revenus sert de preuve que les bonnes façons culturales, l'emploi d'engrais convenables, la lutte contre les parasites de l'arbre, peuvent rendre très productive l'exploitation de l'olivier.

Ajoutons-y une protection plus efficace contre la concurrence, déloyale parfois, que font à l'huile d'olive les huiles exotiques ou falsifiées, et nous aurons indiqué les principaux remèdes à la crise actuelle que traverse l'olivier.

Il est juste d'ajouter que, grâce à l'exemple de quelques propriétaires intelligents et aux efforts des sociétés agricoles, les cultivateurs commencent à comprendre l'intérêt qu'il y a pour eux à moins négliger l'olivier.

La récolte des olives a aussi, dans la question, une grande importance. Suivant la manière plus ou moins parfaite dont elle s'effectue, les arbres se conservent en plus ou moins bon état et les fruits donnent des produits de qualité différente.

La récolte par le gaulage, qui se pratique en frappant à coups redoublés, avec une gaule, les branches de l'arbre, est un procédé barbare qui devrait disparaître des cultures soignées.

Le seul procédé à recommander, bien qu'il soit le plus long et le plus coûteux, est celui que l'on emploie forcément pour récolter les olives vertes destinées à la confiserie : la cueillette à la main. Ce moyen a, du reste, une tendance à se généraliser.

Comme nous l'avons dit plus haut, une partie des olives est destinée à la consommation directe. Et, dans ce cas, on fait subir aux fruits une certaine préparation qui leur enlève leur goût âcre. L'autre partie sert à l'extraction des différentes espèces d'huiles.

L'huile comestible offre deux variétés : l'huile fine ou surfine, dite aussi *huile vierge,* qui a toujours le goût de fruit et qui est le résultat d'une première pression à froid, et l'huile ordinaire, obtenue par une seconde pression des tourteaux que l'on a mouillés d'eau bouillante.

Il convient de faire remarquer que, s'il nous reste des progrès à réaliser pour que la culture de l'olivier produise tout ce qu'elle peut donner, c'est encore en France qu'elle est le plus avancée.

De plus, l'influence française a, dans ces vingt dernières années, contribué d'une façon remarquable à l'extension de l'olivier dans le bassin méditerranéen, grâce à la création de plusieurs établissements français sur différents points du littoral. Et toute l'amélioration dans la qualité des huiles d'olive a son origine dans l'influence française.

QUELQUES EXPOSANTS.

Les produits oléagineux indigènes ou exotiques, groupés à la Classe 39, provenaient surtout des villes de Marseille, de Salon, d'Aix, de Nice et des grands établissements de MM. Desmarais, de Paris, Garres-Fourché, de Bordeaux, et Marchand frères, de Dunkerque.

MM. Desmarais frères exercent les industries de la fabrication des huiles végétales et des huiles minérales. Sans parler des raffineries de pétrole du Havre, de Blaye et de Colombes, qui assurent par an une production de 81,000 tonnes d'huiles et essences minérales, la maison Desmarais frères exploite, tant au Havre qu'à Gonfreville, quatre moulins triturant des graines de colza indigène, de colza des Indes, de lin, de coton, et un moulin spécialement aménagé pour la fabrication des huiles comestibles, telles que arachides et sésames. Ces divers établissements, doublés de plus de cent cinquante entrepôts installés dans les différentes villes de France, permettent à la maison Desmarais frères de livrer par an, à la consommation, 17,000 tonnes d'huiles végétales de toutes espèces, et à l'agriculture, 23,000 tonnes de tourteaux servant à la nourriture des bestiaux et à l'engrais des terres.

La maison GARRES-FOURCHÉ, l'une des plus anciennes de Bordeaux, puisque son existence remonte à 1760, présentait des huiles d'olive de Provence et du comté de Nice, qu'elle met elle-même en bouteilles après les avoir filtrées.

Les produits exposés étaient d'une supériorité remarquable et témoignaient de l'expérience de ses chefs et de la perfection de l'outillage employé. L'importance prise par cette maison, qui envoie annuellement à l'étranger plus de 40,000 caisses d'huiles d'olive en bouteille, nous sert de preuve que le renom de loyauté et d'honorabilité qu'elle s'est acquise dans le commerce est justifié.

L'établissement de MM. MARCHAND frères présentait tout un ensemble de graines, de tourteaux et d'huiles comestibles d'une fabrication spéciale.

La maison, fondée en 1845, s'est considérablement développée depuis sa création. Pour donner une idée de son accroissement, nous relevons ci-dessous les importations de graines oléagineuses destinées à ses usines pendant les cinq années suivantes :

	kilogrammes.		kilogrammes.
1860................	6,150,000	1889................	40,500,000
1865................	10,450,000	1899................	45,220,000
1877................	30,550,000		

L'établissement a une superficie de 20,000 mètres carrés. Il comprend cinq usines triturant en vingt-quatre heures environ 150,000 kilogrammes de graines, ce qui représente une production moyenne de 50,000 kilogrammes d'huiles et 100,000 kilogrammes de tourteaux. Les usines fonctionnent jour et nuit; 500 ouvriers sont employés journellement dans l'intérieur de l'établissement.

La maison FRITSCH et Cⁱᵉ, de Marseille, exposait les huiles produites dans ses établissements spéciaux.

La maison Fritsch et Cⁱᵉ, quoique vieille seulement de vingt-quatre ans, n'est, en réalité que la continuation de l'antique et célèbre maison Pastré, qui fut fondée en 1790.

M. Henri Estrangin prit, en 1809, la suite de cette maison, et il s'adjoignit, la même année, M. Émile Fritsch.

A cette époque, l'Égypte commençait à nous échapper : les efforts de M. Estrangin tendirent à rétablir des relations commerciales sérieuses avec la Syrie, Jaffa, Beyrouth d'une part, et de l'autre avec l'Inde : Bombay, Calcutta, Pondichéry. Il y fut puissamment aidé par M. Fritsch, qui connaissait déjà à fond les régions du Levant d'où l'on exporte des graines de sésames. C'est lui qui eut, après un long et studieux voyage dans les Indes, l'honneur de créer dans notre colonie française de Pondichéry, au détriment des places anglaises de Madras et de Cuddalore, un marché très important d'arachides décortiquées. Si l'on veut se rappeler que la côte de Coromandel a envoyé à

Marseille, dans une seule campagne, jusqu'à 1,300,000 balles de graines d'arachides, représentant une valeur de plus de 20 millions de francs, on peut juger du service ainsi rendu par M. Fritsch à sa région et à l'industrie huilière. Disons de suite que c'est encore à la maison Henri Estrangin que revient le mérite, à la suite de deux années de mauvaise récolte, d'avoir introduit comme semences d'arachides, dans les districts indiens qui approvisionnent le port de Pondichéry, les graines de Mozambique et du Sénégal, grâce auxquelles il est permis d'espérer revoir les beaux rendements d'autrefois. Il était tout naturel de joindre une huilerie à cet immense commerce. Cette huilerie fut installée en 1876. Depuis 1883, M. Fritsch reste seul à sa tête, avec l'appui de la maison Estrangin, dont il n'a pas cessé de faire partie. Cette union de deux maisons indépendantes l'une de l'autre, dont l'une traite les graines importées par l'autre, ne pouvait qu'avoir de féconds résultats. Aussi l'huilerie possède-t-elle maintenant deux usines, *les Trois-Mathilde* et *la Julie*, la première comptant 55 presses et la seconde 45, en tout 100 presses, au lieu de 40 seulement en 1878.

Ces établissements triturent par an 40,000 tonnes de graines, au lieu de 13,000 il y a vingt-deux ans; ils occupent 230 ouvriers, au lieu de 90. Ils produisent annuellement 20 millions de kilogrammes d'huile et environ la même quantité de tourteaux.

MM. Rocca, Tassy et de Roux, de Marseille, avaient envoyé des huiles de coco, des amandes et un produit spécial: *la végétaline,* tiré également du coco.

Ce produit obtenu par une épuration et des soins particuliers peut, d'après M. Müntz, de l'Institut, servir à l'alimentation humaine. Il se présente sous l'aspect de graisse onctueuse, d'une blancheur parfaite, d'une saveur agréable et d'une odeur fine rappelant celle de la noisette.

C'est, en réalité, le beurre de coco, connu depuis longtemps, mais qui, entre les mains de MM. Rocca, Tassy et de Roux, est devenu un produit alimentaire d'excellente qualité, facilement digestible et assimilable.

La maison Plagniol de James, de Marseille, dont M. Alfred Gonnelle est actuellement propriétaire, date de près d'un siècle. Elle produit, en grande quantité, des huiles d'olive qui se recommandent par leurs qualités de goût, de pureté et de conservation. Aussi sont-elles l'objet d'une exportation considérable dans le monde entier.

La maison, en effet, envoie annuellement à l'étranger 300,000 à 350,000 caisses d'huile d'olive en bouteilles et 3,500,000 kilogrammes environ en fûts, estagnons, bonbonnes, etc.

L'usine occupe 300 à 350 ouvriers.

Nous citerons encore parmi les exposants d'huiles comestibles de Marseille, MM. Jeansoulin Luzatti, qui triturent dans leurs deux usines de Marseille et de Trieste 80,000 kilogrammes de graines par jour, et M. Moullard, qui dirige une importante huilerie : *la Sicilienne,* dans laquelle il prépare surtout des huiles de table. La quantité des produits qu'il fabrique s'élève à 600,000 kilogrammes par an.

Huiles de Salon. — L'industrie des huiles d'olive de Salon qui, on le sait, tire sa matière première des olivettes si bien cultivées de la région, était représentée par le SYNDICAT DES NÉGOCIANTS EN HUILES, qui fonctionne depuis 1885, et dont le but est de poursuivre le développement et la défense du commerce salonais.

Il s'attache tout particulièrement au développement des moyens de transport, par voie de terre, fluviale ou marine, et c'est grâce à son influence et à sa persévérance surtout que des travaux importants et des améliorations nombreuses ont été accomplis par la Compagnie P.-L.-M.

Le Syndicat s'est toujours chargé, en outre, de veiller aux intérêts particuliers de ses membres. Il a établi dans son sein un service de contentieux chargé des contestations qui pourraient surgir, tant en matière d'achat qu'en matière de vente.

Son exposition, qui figurait dans une élégante vitrine, comprenait des bouteilles contenant des huiles d'olive de Provence, bien clarifiées; le matériel complet réduit d'une huilerie moderne avec moulins, presses, etc., et un modèle de magasin à l'huile avec tous ses accessoires. Une intéressante statistique graphique du commerce des huiles à Salon figurait également dans cet ensemble. Ce tableau montre la progression ascendante très nette de ce commerce : De 5,200 tonnes en 1874 il passe à 11,000 en 1876, à 12,500 tonnes en 1880, pour atteindre 48,300 tonnes en 1899.

Huiles d'Aix. — Le SYNDICAT DES NÉGOCIANTS EN HUILES D'AIX exposait en collectivité les produits des principales maisons d'Aix, dont plusieurs comptent cinquante ans d'existence, et parmi lesquelles il y a lieu de citer celle que dirige M. LEYDET.

Les huiles d'olive douces et celles à goût de fruit, préparées à Aix, jouissent à juste titre d'une grande réputation.

Huiles de Nice. — Nice était représentée :

1° Par l'UNION DES PROPRIÉTAIRES, qui exposait, dans des bouteilles, bonbonnes, fûts et estagnons, des huiles d'olive bien épurées et de bont goût;

2° Par la SOCIÉTÉ DES HUILES D'OLIVE DE NICE;

3° Par la MAISON BÉRI, LACAN, PASSERON et Cⁱᵉ.

Cette maison, qui ne fait absolument que le commerce des huiles d'olives en gros et demi-gros, achète ses huiles dans les moulins du comté de Nice, des Alpes-Maritimes et des régions voisines et sur le marché de Nice.

Elle a des dépôts à Paris, Nantes, Londres, New-York, Brême, Hambourg, Berlin, Hanovre et contribue ainsi à répandre le commerce des huiles d'olive indigènes à l'étranger.

Avant de quitter le Midi, citons encore l'intéressante exposition des huiles d'olive que M. F. JULLIEN fabrique à Lambesc (Bouches-du-Rhône).

Huile de diffusion. — MM. MAX, JACQUES et Cⁱᵉ, de Salomé (Nord), exposait des huiles extraites au moyen de la diffusion.

Ce procédé consiste à mettre la graine oléagineuse, préalablement broyée, en contact avec un dissolvant approprié.

1° Le dissolvant s'empare de la matière grasse contenue dans la graine; l'huile est ainsi dissoute. La dissolution est distillée; le dissolvant évaporé se condense; il est ensuite régénéré et se trouve prêt à servir à nouveau.

2° La graine, privée de sa matière grasse, reste imprégnée de dissolvant que l'on chasse; régénéré, il rentre à nouveau dans la fabrication. Le résidu est utilisé comme les tourteaux ordinaires.

Ce procédé, selon MM. Max, Jacques et Cⁱᵉ, économise la main-d'œuvre, réduit les frais d'entretien et augmente le rendement sans altérer la qualité de l'huile. Avec l'emploi des presses, il reste dans les tourteaux 6 à 12 p. 100 d'huile, alors que la diffusion réduit ce déchet à 1 ou 2 p. 100.

IMPRIMERIE NATIONALE.

COLONIES FRANÇAISES.

PAYS DE PROTECTORAT.

Introduction. — En 1889, beaucoup de nos colonies n'ont pas pris part à l'Exposition universelle; mais, en revanche, en 1900, aucune d'elles ne s'est abstenue. Toutes ont tenu à honneur de venir, par leur présence, ajouter à l'éclat de la grandiose manifestation préparée par la métropole.

Et non seulement toutes ont contribué, chacune dans sa mesure, quelques-unes même brillamment, au succès de l'entreprise, mais elles ont encore voulu montrer à la mère-patrie ce qu'elles étaient ou ce qu'elles pourraient être. Car les produits exposés ne témoignaient pas toujours de l'état plus ou moins avancé de l'agriculture de la région, mais servaient parfois à indiquer que telle ou telle culture y était possible.

Personne ne pense, en effet, que la prospérité de toutes nos colonies soit un fait acquis, ni même qu'elles soient aptes à prendre un égal développement, ni enfin qu'elles puissent convenir également au colon et au commerçant.

Si quelques-unes, déjà anciennes du reste, sont prospères, si d'autres sont en voie de le devenir, des millions d'hectares demeurent encore inexploités ou le sont mal, attendant la main du colon pour être mis en valeur.

Mais un choix s'impose au Français qui désire employer ses capitaux ou son activité dans l'exploitation de quelqu'une de nos possessions. Avant de jeter son dévolu sur telle ou telle, il devra se renseigner amplement sur lui-même, sa santé, les moyens dont il dispose, puis sur le pays, sa nature, son climat et ses ressources.

A cet égard, l'exposition coloniale aura eu pour lui plus d'un enseignement. Véritable leçon de choses, elle lui aura facilité son enquête; peut-être aura-t-elle influé sur sa décision ou précipité sa détermination.

ALGÉRIE.

L'Algérie, malgré les richesses minérales que son sol tient en réserve, est et restera un pays agricole ; car elle manque de houille, condition première d'un grand développement industriel.

Elle offre, au contraire, à la colonisation des terrains cultivables en abondance. Ainsi, sur 15 millions d'hectares de bonnes terres, qui constituent le Tell, il n'y en a guère plus de 3 millions qui sont mis en culture, tant par les indigènes que par les Européens. Ceux-ci exploitent un million d'hectares environ.

L'étendue cultivée est donc susceptible de s'agrandir considérablement. Et alors, la production s'accroîtra non seulement en proportion de la surface exploitée, mais encore en raison de la perfection plus grande des procédés mis en œuvre par les nouveaux colons européens.

Les cultures qui sont appelées à bénéficier de ces progrès sont les céréales, la vigne et l'olivier.

Les céréales surtout auront leur grande part dans ce mouvement d'extension, car elles forment la base de la culture générale en Algérie.

Actuellement elles occupent une surface de 3 millions d'hectares environ et sont presque exclusivement cultivées dans les belles plaines et vallées du Tell. La Mitidja, au moment de la moisson, est aussi luxuriante que nos grasses et riches plaines du Nord et du Centre.

Il n'en est pas de même partout, il est vrai, non pas à cause de la plus ou moins grande fécondité du sol, mais par suite de la médiocrité des méthodes employées par les indigènes.

Aussi, malgré la vaste surface ensemencée en céréales, la production des deux principales, le blé et l'orge, n'atteint pas 30 millions d'hectolitres.

Le blé entre dans ce chiffre pour 10 millions d'hectolitres.

On cultive, en Algérie, le blé dur et le blé tendre. Ce dernier a été introduit par les Européens, après la conquête. On le rencontre surtout dans les régions de Sidi-bel-Abbès et de Mostaganem, dans la Mitidja et l'arrondissement de Philippeville.

Les blés durs d'Algérie, cultivés surtout dans la province de Constantine qui, en 1899, en a produit 3,220,161 quintaux, possèdent des qualités exceptionnelles qui les classent parmi les premiers du monde.

La juste proportion de gluten qu'ils renferment les rend surtout propres à la fabrication des pâtes alimentaires.

La production de l'orge dépasse sensiblement celle du blé : elle est de 16 millions d'hectolitres. L'Algérie se classe même dans les premiers rangs des pays producteurs d'orge.

Cette céréale n'est pas seulement employée sur place à l'alimentation des chevaux, elle entre aussi dans celle des indigènes. Le nord de la France, la Belgique, l'Angleterre recherchent l'orge d'Algérie pour la fabrication de leurs bières.

Les autres céréales sont l'avoine, le maïs, les fèves et le sorgho béchena qui fournissent ensemble 12 millions d'hectolitres.

L'avoine n'est guère cultivée que par les Européens, dans la plaine de la Mitidja, les arrondissements de Sidi-bel-Abbès, de Mostaganem et le littoral de la province de Constantine.

La graine du bechena sert à l'alimentation de l'indigène qui ne récolte que la panicule, laissant sur le champ la tige encore verte pour y être consommée par le bétail.

La valeur annuelle de la production agricole peut être rapportée approximativement à 730 millions.

Les céréales figurent dans cette somme pour 483 millions de francs, les fourrages

4.

pour 55,900,000 francs, les oliviers pour 21,600,000 francs et les pommes de terre pour 8,500,000 francs.

La culture de l'olivier qui, pendant la période de l'occupation romaine, n'était pas le moindre élément de prospérité de l'Algérie, tend à reprendre de l'extension depuis quelques années.

Toutefois, malgré de réels progrès, la production de l'olive est encore inférieure aux besoins de la consommation. Il est donc à souhaiter que l'Algérie continue à développer cette culture, non seulement pour arriver à se suffire à elle-même, mais encore pour participer avec la Tunisie au complément nécessaire à l'industrie de la métropole.

L'Algérie avait groupé avec beaucoup d'art les produits de son sol dans diverses salles du palais affecté à son exposition générale.

A côté de peintures murales représentant des scènes agricoles, elle avait entassé de nombreux échantillons de ses céréales, de ses vins, de ses huiles d'olive, etc., provenant de plus de 200 exposants parmi lesquels 40 au moins furent hautement appréciés par le Jury.

Citons parmi ces derniers M. Bastide, de Sidi-bel-Abbès, qui exploite ou fait exploiter plus de 1,200 hectares de terrain complètement défriché et cultivé, comprenan notamment 800 hectares de céréales, 170 hectares de vignes, 10 hectares de fourrage, 8 hectares d'horticulture et 28 hectares d'arboriculture.

La production annuelle de cette exploitation s'élève à 6,000 quintaux de céréales, 7,000 hectolitres de vin, 60 hectolitres d'huile, sans compter les bestiaux, fruits, fourrages.

M. Bastide ne fut pas seulement apprécié sur les échantillons remarquables des produits qu'il exposait, mais aussi d'après l'œuvre d'ensemble qu'il a produite en Algérie et le concours qu'il a prêté à la colonisation. Or il a constitué un immense et beau domaine agricole, créé le Comice de Bel-Abbès et publié 21 volumes sur l'agriculture et la colonisation.

Ajoutons à côté de M. Bastide la Compagnie algérienne Aïn Regada, la Compagnie genevoise de Sétif, MM. Debono, à Boufarick; Beaud (Jules), à Sétif; Bruat (André), de la province de Constantine, qui présentaient des céréales en graines ou en gerbes, des légumineuses, des pommes de terre.

CONGO.

Les produits alimentaires d'origine végétale du Congo français n'ont encore donné lieu à aucun courant appréciable d'exportation, bien qu'ils soient d'une très grande importance sur place au point de vue de l'alimentation ou des applications industrielles qui pourraient en être faites. La paresse des indigènes, qui ne cultivent que pour leurs besoins, l'insuffisance actuelle des voies de communication et des moyens de transport, sont les deux causes principales de cet état de choses qui, sans doute, va se trouver totalement modifié par la mise en rapport des grandes concessions agricoles accordées, en 1899, à trente sociétés environ. En outre, la création de transports fluviaux va permettre aux produits des régions du Haut-Congo, tels que les graines oléagineuses, le riz et le millet, le maïs, ainsi qu'aux produits naturels comme l'ivoire, le caoutchouc et les bois, d'atteindre plus facilement et plus rapidement la côte et, au delà, l'Europe.

Parmi les produits alimentaires les plus importants du Congo et ceux dont la culture peut s'y développer, il convient de citer : le maïs, le riz, le millet, le manioc, la patate, l'arachide, le coco, l'amande de palme, le café et le cacao.

Le manioc est la principale de ces productions. Cultivé dans tout le Congo français, il est la base de la nourriture indigène. Il donne environ 5 kilogrammes de tubercules par pied à deux ans et demi, soit, en tenant compte de l'espacement des boutures, 50,000 kilogrammes par hectare, et ne nécessite qu'un léger sarclage comme entretien.

Le Congo produit trois variétés de manioc amer et deux de manioc doux; les tubercules de ces dernières variétés peuvent être consommés sans préparation spéciale, crus ou rôtis; cependant leur culture est moins répandue que celle des variétés amères, plus tardives mais plus productives.

C'est du manioc, utilisé sous forme de farine, que s'obtient par une préparation spéciale le produit consommé sous le nom de *tapioca*.

Le manioc fournit un excellent amidon et pourrait être, en outre, utilisé pour les glucoseries ou distilleries qui peuvent se créer dans l'avenir au Congo.

Une place toute spéciale doit être réservée dans les produits du Congo au cacao et au café.

Les expériences qui ont été faites au point de vue de l'acclimatation et du rendement de ces produits montrent qu'ils sont appelés à former la principale source de richesse de la colonie.

Le cacao et le café, cultivés depuis longtemps dans nos anciennes colonies, sont trop connus pour qu'il soit nécessaire de s'étendre longuement sur les procédés à employer pour la plantation, l'entretien et la cueillette et celui plus spécial du lavage ou du séchage des grains après fermentation. L'important est de savoir que les terrains du Congo, quand ils sont judicieusement choisis, au point de vue de leur qualité et de leur exposition, se prêtent admirablement à la culture de ces graines précieuses.

Indépendamment des cafés sauvages dits « de brousse » ou indigènes et, en particulier, de celui du Nuilou, l'acclimatation des cafés de San-Thomé, de Libéria, etc., démontre amplement que le terrain comme le climat de la colonie sont loin d'être réfractaires à l'établissement de plantations de ce genre. D'ailleurs, les essais tentés au jardin spécial de Libreville, aussi bien pour le cacao que pour le café, ainsi que les récoltes faites en plantations privées depuis 1896, sont des preuves suffisamment convaincantes pour qu'aucun doute ne puisse subsister à cet égard.

D'après ces essais, les cacaoyers choisis pour les plantations congolaises sont le « cacaoyer à fruit jaune » et le « cacaoyer à fruits pourpres et verruqueux ».

Une grande attention, en tout cas, doit être apportée dans la sélection des graines à choisir en vue des semis.

Un terrain riche et profond est nécessaire, sous bois de préférence, à l'abri des vents de mer. En outre, et ceci pour le cacaoyer aussi bien que pour le caféier, entre les plants, placés de 5 en 5 mètres et en quinconce, il est nécessaire d'établir des lignes intermédiaires de bananiers ou de manguiers destinés à protéger par leur ombrage la poussée des jeunes plants.

Les produits envoyés à l'Exposition comprenaient surtout des cafés, des cacaos et du manioc. Il y avait aussi quelques échantillons d'amandes de palme, de patates, de canne à sucre, de maïs, de riz et de sorgho. Nous avons principalement remarqué les spécimens de ces différentes plantes présentés par les COMITÉS LOCAUX DE LA COLONIE DU CONGO et les cafés et cacaos de la maison Ancel-Seitz.

La maison ANCEL-SEITZ, depuis le début de son entreprise au Gabon, en 1891, n'a cessé d'agrandir ses plantations.

De 1892 à 1896, il a été planté, sur des terrains qu'il a fallu débrousser, environ 80,000 pieds de café, et de 1893 à 1899, près de 50,000 pieds de cacaoyers.

Sur cette quantité, environ 40,000 à 50,000 caféiers, ayant six à sept ans d'âge, et 2,000 cacaoyers de cinq à six ans, sont déjà, à l'heure actuelle, en plein rapport.

Dans quatre ou cinq ans au plus, les plantations entières auront atteint leur âge de rendement et devront normalement produire annuellement, sauf accident, de 40 à 50 tonnes de café et 100 tonnes de cacao.

Les importations des produits des plantations Ancel ont été, pour ces dernières années :

	CAFÉ.	CACAO.
	kilogr.	kilogr.
1898...................................	7,000	1,000
1899...................................	13,000	1,500

La COMPAGNIE PROPRIÉTAIRE DU KOUILOU NIARI avait également exposé des cafés et des cacaos.

Cette Compagnie a repris la suite de la société commerciale et industrielle du Congo français et racheté à la Compagnie hollandaise toutes ses plantations et installations de la région du Cayo et ses dépendances. Le domaine de la Compagnie du Kouilou Niari a une superficie d'environ 2,500,000 hectares dont un million, au moins, d'hectares boisés.

Les plantations, commencées en 1890, couvrent plus de 500 hectares.

Le nombre des pieds plantés se décompose en 250,000 pieds de café et 60,000 pieds de cacao.

Le rendement a été, l'an dernier, de 38 tonnes de café et 15 tonnes de cacao.

Signalons pour terminer les cacaos exposés par M. JEANSELME, et provenant d'une exploitation d'environ 100 hectares, situés dans l'estuaire du Gabon.

CÔTE FRANÇAISE DES SOMALIS.

Cette très jeune colonie ne pouvait avoir qu'une exposition fort restreinte, mais tout changera lorsque sa voie ferrée, qui atteint déjà 108 kilomètres, aboutira à Harrar et ouvrira à l'Abyssinie une porte sur le monde occidental.

Les produits exposés par cette possession française consistaient en cafés et en céréales présentés par MM. Bing, Moquet, Routier et Weiser, Tian et la société anonyme Comptoir de Djibouti.

Ce dernier exposant avait, en outre, envoyé un produit agricole indigène : la cathe, dont on extrait une liqueur.

CÔTE D'IVOIRE.

La Côte d'Ivoire est une colonie grande à peu près comme la moitié de la France ; sa population égale celle de Paris.

Les deux tiers de sa superficie totale sont occupés par la forêt où abondent les palmiers à huile, les acajous, les lianes à caoutchouc, les baobabs, les cocotiers, les arbres à kola et dont une exploitation rationnelle tirera d'incalculables richesses.

Dans le reste de la colonie, c'est-à-dire dans la région côtière, les villages sont enveloppés de champs de maïs, de riz et de patates. Chaque agglomération humaine est environnée d'un bois de bananiers, de haricots arborescents, d'orangers, de citronniers, de manguiers. L'ananas est aussi très commun dans la région.

Le café, le cacao, la canne à sucre, la vanille prospèrent d'une façon remarquable à la Côte d'Ivoire.

Il y existe déjà des plantations importantes de café et de cacao, par exemple, celle de la Compagnie de Kong, à Elima, qui produit 60,000 kilogrammes de café par an. A Rock-Béréby, la plantation Woodin comprend 16,000 caféiers. Beaucoup de concessions cultivent en même temps le café et le cacao : celles de M. Domergue, à Benoua, par exemple; de la mission catholique, à Dabou, et une quantité d'autres sur les bords du Cavally.

Plantation de Prolo. — Une de ces dernières, la Plantation de Prolo, figurait à l'Exposition.

Cette propriété se compose d'une concession primitive de 1,150 hectares qui sera portée prochainement à 14,000 hectares. Elle est formée, en majeure partie, de terrains très riches, excellents pour les cultures de caféiers et de cacaoyers et, sur les bords du fleuve, de terrains bas appropriés à la culture des riz qui, dans la région du Cavally, sont d'une excellente qualité.

A la fin de 1898, il y avait sur la propriété 30 hectares défrichés, dont 10 hectares plantés en caféiers, cacaoyers, etc.

Une plantation de 1,000 pieds caféiers Libéria y avait été faite au commencement de 1897. Ces arbres, d'une très belle venue, vigoureux, pleins de sève, vont donner leur première récolte.

Les autres pieds sont moins avancés.

Les cacaoyers ont été repiqués en 1898. Ils avaient été élevés en pépinières, selon le mode préconisé par M. Chalot, directeur du jardin d'essai de Libreville, et replantés dans des terrains riches, profonds, en tous points semblables à ceux de la région où existent de nombreux cacaoyers d'une grande vigueur. Ils sont donc dans les meilleures conditions voulues pour une bonne réussite.

Les premiers frais d'installation de la plantation ont été assez coûteux, car il a fallu tout créer, et il est facile de se rendre compte des grandes difficultés surmontées en se représentant qu'on s'est trouvé en pleine forêt vierge, dans un pays dénué alors de toutes ressources.

La propriété est dirigée à la côte, depuis ses débuts, par un élève de l'École d'agriculture de Grignon, qui a donné bien des preuves de ses aptitudes agricoles et de son dévouement à la réussite de cette entreprise. Il est actuellement secondé par un agriculteur de l'École pratique d'Écully et par un employé comptable déjà initié au commerce de la côte, qui doit s'occuper spécialement des affaires de troc.

On trouve très facilement des noirs pour les travaux de la culture; les indigènes du Haut-Cavally ne demandent qu'à venir travailler dans la propriété. Leur salaire et leur nourriture, réglés en marchandises, représentent environ de 23 francs à 30 francs par mois.

Actuellement la plantation s'est accrue de : 10 hectares plantés en cacaoyers et caféiers; 10 hectares en rizières; 3 hectares en manioc, maïs, etc.

En ce qui concerne les rendements, il résulte de calculs basés sur des documents très sûrement étudiés que les cultures du riz et du cacao donneront des bénéfices importants.

DAHOMEY.

L'exposition du Dahomey paraissait organisée avec l'intention d'amuser et d'émouvoir le public dont l'esprit et l'imagination étaient encore remplis des souvenirs de la conquête du Dahomey et des histoires terrifiantes qu'on lui avait rapportées à cette occasion.

Néanmoins, le négociant et le colon y étaient suffisamment renseignés sur les principales productions du pays dont, en plusieurs endroits, on avait disposé des échantillons consistant en maïs, riz, mil, manioc, café, cacao, kola, arachide, coprah, noix de karité, noix, amandes et huiles de palme.

Le maïs occupe une bonne part des cultures dahoméennes et il donne des récoltes abondantes. Les indigènes le font entrer dans leur alimentation et s'en servent pour préparer certaines boissons fermentées.

Le manioc, qui forme la base de l'alimentation du Dahomey, est forcément un produit abondant dans la colonie.

Des essais de culture de cacao et de café y donnent des résultats satisfaisants. Ce sera, dans l'avenir, une source de richesse pour le pays.

On recommence, depuis quelques années, à cultiver l'arachide qui avait été proscrite en 1884 par le roi Glé-Glé dans la crainte que les indigènes, en se livrant tout entiers à cette culture, ne négligeassent les produits de première nécessité.

Mais le produit qui tient la place la plus considérable dans la culture de la colonie, c'est l'huile de palme. Aussi bien les organisateurs de l'exposition dahoméenne semblent avoir voulu donner cette impression aux visiteurs, car ils avaient placé : ici, de grandes olives de verre remplies d'huile de palme; là, des régimes de palmier, des noix détachées de ces régimes et des amandes extraites de ces noix; ailleurs enfin, différentes variétés d'huiles provenant de la pulpe des noix ou des amandes.

Les deux tableaux ci-dessous indiquent les quantités d'amandes et d'huile de palme exportées par la colonie de 1895 à 1899 :

AMANDES DE PALME.		HUILE DE PALME.	
	kilogrammes		kilogrammes
1895..................	21,127,719	1895..................	12,438,975
1896..................	25,251,650	1896..................	5,524,698
1897..................	12,875,442	1897..................	4,077,022
1898..................	18,091,312	1898..................	6,052,137
1899..................	24,850,982	1899..................	9,650,542

Le nombre des exposants de cette colonie neuve était naturellement peu considérable.

Après le Comité local de Porto-Novo, qui avait fait presque tous les frais de l'exposition, citons M. Daudy, qui présentait des cafés, des noix de palmistes, etc., et la maison Vilmorin, qui essayait dans une serre à côté l'acclimatation des spécimens de la flore du Dahomey, ainsi que des plantes susceptibles d'y réussir.

ÉTABLISSEMENTS FRANÇAIS DE L'INDE.

Nos cinq modestes comptoirs de l'Inde, débris d'une immense colonie, étaient représentés à l'Exposition par la Sous-Commission de l'agriculture de Pondichéry, qui, parmi les étoffes, les tapis, les meubles, etc., avait réservé une place pour les produits agricoles, notamment pour les céréales.

Sur les 50,800 hectares qui composent les territoires de Pondichéry, Mahé, Chandernagor, Karikal, 36,000 hectares sont consacrés, dans les basses terres surtout, sous un climat humide et chaud, à la culture des menus grains, du riz, des graines oléagineuses, du coco, de la canne à sucre, etc.

Ces différentes cultures ont une valeur ordinaire estimée à presque 2 millions. Pondichéry entre dans ce chiffre pour la plus grande part.

ÉTABLISSEMENTS FRANÇAIS DE L'OCÉANIE.

Les îles et îlots volcaniques et madréporiques désignés sous le nom d'« établissements français de l'Océanie » peuvent devenir, grâce à la salubrité de leur climat, à la fertilité

de leur sol, à la douceur de mœurs de leurs habitants, d'excellentes colonies de peu-
plement. Elles possèdent 30,000 habitants, dont bien peu de Français, et pourraient
en nourrir 200,000.

Parmi les végétaux alimentaires de ces îles, citons le bananier, l'arbre à pain, le
sagoutier, le cocotier, le maïs, l'ananas, etc.

Le fruit du cocotier donne lieu à un trafic de plus en plus actif. Le groupe de Toua-
motou en fournit de grosses cargaisons.

La canne à sucre et le café réussissent très bien dans ces colonies.

L'ADMINISTRATION LOCALE DE TAHITI, MM. CADOUSTEAU et RAOUL, de la même île, avaient
envoyé à l'Exposition des échantillons de ce dernier produit.

GUADELOUPE.

La Guadeloupe avait exposé dans son coquet petit pavillon, à côté de l'inévitable
rhum, des échantillons de sucre de canne, des conserves d'ananas et de mangue, du
cacao et surtout du café, ainsi que des tableaux fort expressifs des produits du pays.

Canne à sucre. — La canne à sucre, qui, pendant longtemps, a assuré à elle seule
la fortune du pays, reste le principal de ces produits. Mais l'extension considérable
donnée dans le monde à la culture de la canne, ajoutée à la culture intensive de la betterave en Europe ont amené un changement notable dans la situation des colons, qui,
sans cependant abandonner la culture sucrière, ont dû y ajouter celle du café, du
cacao, de la vanille ainsi que la fabrication du rhum.

Actuellement, on compte à la Guadeloupe 16 usines centrales qui exploitent
10,000 hectares de terres plantées en canne, soit par elles-mêmes, soit par des adhérents ou des colons.

En général, le sucre produit est du sucre blanc cristallisé; il n'y a que les usines du
Crédit foncier et celle de Saint-Louis (Marie-Galante) qui produisent du sucre roux,
pour des raisons toutes personnelles.

La culture de la canne demande des soins tout particuliers et une grande méthode; les
labours, les plantations, les sarclages, les fumures, l'épaillage, la coupe doivent avoir
lieu en temps opportun. Une attention soutenue doit être apportée dans le nettoyage
des jeunes cannes pour les débarrasser des herbes et des insectes nuisibles à leur existence.

La culture de la canne comporte les cannes plantées et les rejetons. Autrefois, dans
les débuts de la colonisation, on entretenait des rejetons de plusieurs années (on en a
vu de 15 et même de 20 ans); mais, à notre époque, il a été reconnu qu'il ne fallait
plus aller au delà du troisième rejeton; cela tient à l'appauvrissement du sol en humus
et à la difficulté de maintenir cet humus par l'emploi du fumier de ferme.

L'engrais qui convient tout particulièrement à la canne est le fumier de ferme; mais
la quantité d'animaux, relativement faible, élevés sur les habitations ne permet pas de
l'employer exclusivement; on y joint des engrais chimiques, des guanos.

La culture de la canne couvre toute la Grande-Terre, qui, à elle seule, compte 11 usines centrales, produisant ensemble 50,000 barriques de sucre; la plus importante, l'usine d'Arboussier, située sur la rade de la Pointe-à-Pître, produit, à elle seule, de 15,000 à 20,000 barriques.

Ces usines sont toutes desservies par un réseau très important de voies ferrées à traction à vapeur remorquant des chalands en fer.

Les sucres sont embarqués en grande partie à la Pointe-à-Pître sur des cargo-boats à vapeur; cependant, des navires voiliers viennent encore charger au Moule, à Sainte-Anne et à Saint-François.

Café. — La culture du café et celle du cacao viennent en première ligne après celle de la canne à sucre. Ce sont des cultures de longue haleine, qui ne commencent à donner des résultats appréciables qu'après trois ans au moins, cinq au plus.

L'avenir du pays repose sur ces denrées, dites aujourd'hui *secondaires,* qui ne tarderont pas à occuper le premier rang, étant données les demandes sans cesse croissantes de la consommation, non seulement en France, mais encore dans le monde entier.

Ces cultures se pratiquent tout spécialement à la Guadeloupe proprement dite et prennent depuis quelques années une extension considérable, dont le résultat ne tardera pas à avoir une heureuse répercussion sur la fortune du pays. Plusieurs sociétés se sont constituées, avec des capitaux métropolitains, pour exploiter de grandes plantations dans les communes des Vieux-Habitants, des Trois-Rivières et de Sainte-Rose. La colonie possède des surfaces immenses où pourraient être entreprises ces cultures spéciales et bien d'autres très intéressantes.

Jusqu'en 1825, la culture du café se faisait presque exclusivement dans certains quartiers de la Grande-Terre et aussi à Marie-Galante.

On pourrait encore exploiter une partie de ces mêmes territoires, mais il ne faut pas se dissimuler que le déboisement auquel a donné lieu la culture de la canne a changé les conditions climatologiques de cette partie de la colonie et, par suite, a restreint les surfaces cultivables en café et en cacao.

Le café de la Guadeloupe est connu sous le nom de *café bonifieur fin vert Guadeloupe.* Sa réputation n'est plus à faire.

Ajoutons que la colonie, qui, il y a dix ans, ne produisait que 375,000 kilogrammes de café, en produit annuellement aujourd'hui plus de 700,000 kilogrammes. A elle seule, la Guadeloupe fournit à la métropole, sur le million de kilogrammes que celle-ci consomme en café provenant de ses colonies, près des sept dixièmes de cette consommation.

Le café de la Guadeloupe est originaire d'Arabie; il se présente sur les marchés en café B (bonifieur) et en café H (habitant). Cette double qualification tient au procédé employé pour débarrasser le grain de la parche. Le café bonifieur est passé dans des pilons actionnés, en général, par des roues hydrauliques, tandis que le café habitant est passé dans des pilons à bras d'homme. Les genres de pilons à bras varient suivant les quartiers : les uns comportent un homme; d'autres, six et même douze hommes.

On appelle *bonifiérie* l'installation industrielle permettant le bonifiage du café. Le bonifieur reçoit du producteur le café en parche qu'il doit lui rendre bonifié dans une proportion de 33 p. 100.

L'opération n'est complètement terminée qu'après le triage qui consiste à séparer les grains cassés des grains entiers. Les grains cassés restent la propriété du bonifieur.

En 1894, M. Louis Guesde, secrétaire-archiviste de la Chambre d'agriculture de la Pointe-à-Pître, a introduit à la Guadeloupe le café d'Abyssinie, qui y a donné des résultats merveilleux; il s'est trouvé dans un sol et sous un climat lui convenant à tous égards; aussi, il s'y est développé très rapidement et a porté de nombreuses cerises dès l'âge de dix-huit mois.

Quelques colons se livrent à la culture du café Libéria, mais au point de vue seulement de l'avantage qu'ils peuvent en tirer comme porte-greffe. Ce café étant très rustique, il pourra certainement favoriser la culture du café Guadeloupe dans les terrains et sous le climat qui ne lui avaient pas convenu jusqu'alors.

Cacao. — Le cacao est, avec le café, un produit de grand avenir pour la Guadeloupe; aussi voit-on depuis quelques années des cacaoyères se créer dans les quartiers dont le sol et le climat leur sont favorables. Plus de 2,000 hectares sont actuellement en culture à la Guadeloupe proprement dite, et l'administration locale reçoit journellement des demandes de concessions de terrains dans la montagne pour la création d'exploitations nouvelles.

On exporte le cacao après l'avoir fait sécher au soleil; cependant, un de nos grands planteurs suit, depuis quelques années, la méthode vénézuélienne du terrage de cacao, et il obtient ainsi un prix supérieur au cacao séché.

Les meilleures espèces, soit le trinidad et le caraque, sont cultivées à la Guadeloupe.

Parmi plus de cinquante exposants, au premier rang desquels se place la Société de solidarité de Gourbeyre, nous relevons les noms de MM. Cabre (Louis), Cabre (Maurice), Cabre (Hubert), Cabre (Eugène), Cabre (Léon), Le Dentu, Mme Rollin, etc.

MAYOTTE ET COMORES.

Placées dans la zone équatoriale, ces dépendances naturelles de Madagascar, jusqu'ici gouvernées à part, produisent de la canne à sucre, du cacao, du café, du riz, du maïs, etc.

Elles avaient envoyé à l'Exposition des cacaos et des cafés, parmi lesquels nous avons remarqué ceux que présentaient MM. Humblot et Cie, de la Grande-Comore.

GUINÉE FRANÇAISE.

Cette colonie, qui comprend la côte tropicale des anciennes « rivières du Sud » et les plateaux salubres du Fouta-Djalon, présentait, au milieu d'un fouillis, cependant méthodique et éclairé de quelques documents, un certain nombre d'échantillons de riz et de mil envoyés par l'Administration du Fouta-Djalon, le Comité local d'Exposition à Conakry et quelques autres exposants.

La situation économique de la colonie est, paraît-il, très prospère. Non seulement la Guinée se suffit à elle-même, mais sur ses ressources propres elle a construit une route de pénétration et entrepris une voie ferrée qui rejoindra le Haut-Niger.

Le commerce, qui était de 7 millions et demi de francs en 1891, a atteint le chiffre de 20 millions en 1900.

Disons, pour terminer ce court aperçu, que la culture de la noix de kola est appelée à prendre un grand développement dans l'exploitation agricole de la Guinée.

GUYANE FRANÇAISE.

On a fait à la Guyane française, la moins prospère de nos colonies peut-être, une mauvaise réputation que semble démentir le développement de ses deux voisines : la Guyane hollandaise et la Guyane anglaise, placées cependant dans des conditions climatologiques et géologiques identiques.

Il est vrai que des essais de colonisation y ont été tentés qui n'ont pas réussi. Mais faut-il attribuer cet insuccès aux choses plutôt qu'aux hommes ?

L'émancipation des esclaves, la découverte de mines d'or, les fautes commises par les colons ont amené la décadence agricole de la Guyane bien plus que la prétendue insalubrité de son climat.

M. Baissières, commissaire adjoint de la Guyane à l'Exposition, dans une excellente notice qu'il a publiée sur cette colonie, affirme, avec des chiffres à l'appui, que, si la Guyane présente quelques points malsains, elle est de toutes nos possessions celle dont la mortalité est le moins élevée. Et quant aux ressources naturelles du pays, elles sont considérables.

Le seul obstacle à la colonisation réside dans l'absence de main-d'œuvre, surtout depuis que l'exploitation des gisements aurifères a enlevé à l'agriculture un grand nombre de bras. Aussi les 3,500 hectares actuellement en culture sont uniquement consacrés à la petite culture vivrière, les denrées d'exportation qui faisaient autrefois l'objet de la grande culture étant aujourd'hui presque totalement négligées.

L'immigration paraît être le seul remède à cet état de choses déplorable, l'immigration avec toutes les précautions qu'elle comporte pour n'introduire dans la colonie que des sujets sains et vigoureux, d'une acclimatation facile, qui se fixent au sol et y fassent souche.

Quant à la main-d'œuvre pénale, il lui manque, pour devenir productive, une condition essentielle : celle d'être libre.

Les plantes susceptibles de réussir sur le sol de la Guyane sont : le maïs, la canne à sucre, le café, le cacao et l'arachide.

Le cacaoyer est peut-être la culture qui semble avoir surnagé, dans une certaine mesure, dans ce naufrage des cultures guyanaises. La production moyenne annuelle, après avoir été de plus de 40,000 kilogrammes en 1841, était tombée à 26,000 kilogrammes en 1885.

Depuis, la situation de cette culture n'a fait que s'améliorer : de nouvelles plantations ont été créées, et d'anciennes qui avaient été longtemps abandonnées ont été nettoyées et mises en état.

Les produits que la Guyane avait envoyés à l'Exposition consistaient surtout en cafés et cacaos.

Ils étaient présentés par l'ADMINISTRATION PÉNITENTIAIRE, le COMITÉ LOCAL DE L'EXPOSITION, MM. KERBEC, POTIN, RIVIÈRE.

INDO-CHINE.

L'Indo-Chine est, de toutes nos colonies, celle à qui semblent réservées les plus brillantes destinées. Elle est un pays agricole par excellence.

Les plaines basses de ses deltas et les vallées de ses fleuves constituent, grâce à la chaleur humide des tropiques et à l'alternance harmonieuse des moussons, une des zones agricoles les plus fortunées du monde.

Riz. — En Cochinchine, comme au Cambodge et au Tonkin, c'est le riz qui forme la culture principale.

Il occupe plus de 700,000 hectares de la superficie totale.

Tout le monde connaît la richesse proverbiale des terrains du Delta, vaste rizière donnant généralement deux récoltes par an.

Le riz est non seulement la culture dominante pour les indigènes, mais il est la base de l'exploitation agricole des colons. Cette culture assure, en effet, à celui qui s'y adonne des résultats presque certains et lui permet alors de se livrer à d'autres cultures de denrées coloniales plus hasardeuses et qui ne peuvent apporter un revenu qu'après plusieurs années.

Tel est le thé, par exemple, dont d'importantes cultures ont réussi, en Annam particulièrement.

L'exportation du thé de l'Annam sur la France, qui n'était que de 3,750 kilogrammes en 1897, s'est élevée à 137,391 kilogrammes en 1899.

1,232,000 pieds de café ont été plantés ces dernières années sur près de 1,500 hectares de surface.

Le café au Tonkin. — C'est surtout au Tonkin que le culture du café semble devoir prendre le plus de développement. Il est présumable qu'avec le temps cette culture atteindra un maximum d'intensité fort élevé et qu'elle contribuera, dans une large mesure, à la prospérité de la colonie.

La culture du caféier est, d'ailleurs, encouragée au Tonkin par des primes annuelles, malheureusement trop minimes.

L'Indo-Chine avait fait les plus grands efforts pour son exposition, qui occupait, à elle seule, le tiers de la superficie de la section coloniale. Il faut rendre hommage à M. Doumer qui a réussi à nous donner une idée complète de notre important empire colonial de l'Extrême-Orient.

Le palais des produits de l'Indo-Chine était spécialement consacré à la géographie économique du pays. Les échantillons de riz y étaient naturellement nombreux; le thé y tenait une grande place; les spécimens de maïs, de sucre, de cacao, de café, etc., y rappelaient la part déjà importante que prennent ces plantes dans la culture générale.

Parmi les exposants, dont la plupart étaient intéressants, citons le COMITÉ LOCAL DE LA COCHINCHINE, qui présentait une belle collection de riz, maïs, haricots, asperges, etc., et MM. DENIS frères, de Saïgon, qui avaient envoyé de beaux riz et divers produits agricoles.

MADAGASCAR.

Depuis que Madagascar est devenue possession française, la situation économique de l'île n'a fait que s'améliorer d'année en année, et la colonisation y progresse rapidement.

Sous la domination hova, le commerce extérieur accusait un chiffre d'affaires de 12 millions; aujourd'hui il dépasse 35 millions.

En ce qui concerne l'étendue des concessions accordées, elle était de 48,000 hectares en 1897, de 58,000 en 1898, et, à la suite de l'attribution des premières grandes concessions, elle a dépassé 2 millions d'hectares en 1900.

Si l'on considère que la législation de l'île exige l'emploi sur place de capitaux proportionnés aux étendues de terrain concédées, l'augmentation des concessions est un signe certain de l'afflux des capitaux.

La grande, la moyenne et la petite colonisation ont été menées de front à Madagascar, et ce ne sera pas l'un des moindres mérites de l'administration actuelle d'avoir résolu d'un coup ce triple problème.

L'application récente de la colonisation militaire a, du reste, donné ici un élément qui manque trop souvent à nos établissements d'outre-mer. Nos soldats, après avoir conquis l'île, sont en train, en ce moment, d'y créer des centres agricoles, surtout sur les hauts plateaux où la population indigène est dense et dont le climat permet à l'Européen un travail personnel.

La grande colonisation occupe, au contraire, les provinces du Nord et de l'Ouest.

La côte de l'Est, soumise au régime tropical, est peu propre au séjour des Européens; mais, en revanche, elle est très favorable à l'établissement de plantations de café et de cacao.

Chacun sait que le climat et le sol de Madagascar se prêtent aux cultures les plus variées, depuis celles des régions tempérées jusqu'à celles des pays équatoriaux.

Le riz, qui occupe les meilleures terres du centre, est la seule plante pouvant être produite sur une grande échelle en ce moment.

Il est permis d'espérer que les plantations de cacaoyers vont s'y multiplier d'autant plus que l'augmentation constante de la consommation du chocolat assure au cacao un débouché facile, surtout en France où ce produit, lorsqu'il provient de nos colonies, jouit d'une détaxe de 52 francs par quintal.

En résumé, Madagascar est un pays neuf qui ne manque pas de ressources agricoles et qui semble appelé à un développement économique important.

Au reste, l'administration de l'île fait les plus louables efforts pour arriver à une mise en valeur rapide de ce vaste territoire plus grand que la France.

L'exposition de Madagascar, l'une des plus complètes et des plus instructives, renseignait amplement les visiteurs et les colons sur les ressources agricoles de notre colonie.

Les provinces, les cercles agricoles, les territoires militaires, les colons de Diégo-Suarez et beaucoup d'autres exposants avaient envoyé de nombreux spécimens de froment, d'orge, d'avoine, de maïs, de fèves, de pois, de haricots, une grande quantité de variétés de riz, du manioc et plusieurs espèces de cacaos et de cafés.

MARTINIQUE.

La Martinique, d'une superficie de 95,527 hectares, porte dans son centre d'épaisses forêts et offre, çà et là, des savanes ou des terres en friches. De sorte que 30,000 hectares seulement de la surface totale sont occupés par les cultures du pays, dont les principales sont : la canne à sucre, le cacaoyer et le caféier.

Canne à sucre. — La canne à sucre est cultivée sur une étendue de 20,000 hectares; elle est de beaucop la plus importante des productions de la colonie.

La population si dense de la Martinique tient beaucoup à ce mode d'exploitation du sol, parce qu'il procure par hectare un salaire régulier à six travailleurs, tandis que la culture de cacaoyer, par exemple, n'en emploie qu'un seul.

La canne à sucre, malgré la concurrence que lui fait le sucre de betterave, n'est donc pas près de disparaître de la Martinique, parce que sa suppression obligerait à s'expatrier une notable partie de la population de l'île.

Les produits de la canne à sucre sont le sucre, le rhum, le sirop et la bagasse. Les cannes récoltées sont passées au moulin qui les transforme en bagasse, utilisée comme combustible, et en vesou. Quel que soit le mode de traitement du vesou, qu'on le fasse fermenter directement, ou après l'avoir transformé en sirop, ou après en avoir extrait le sucre, rien n'est perdu.

Mais il importe d'extraire tout le vesou de la bagasse. A la Martinique, il reste en moyenne dans la bagasse 25 p. 100 du sucre contenu dans la canne. Ailleurs, on extrait tout le vesou de la canne, grâce à des moulins excessivement puissants. A la Martinique, au moyen d'une double et d'une triple pression, on récupère 10 p. 100 du sucre restant; mais ces pressions successives sont coûteuses.

Des résultats considérables seront constatés le jour où les établissements scientifiques de la métropole et notamment le Jardin colonial viendront en aide aux agriculteurs. Ces derniers doivent être renseignés sur les meilleurs moyens de combattre les maladies de la canne, sur la composition et la valeur des engrais qu'ils reçoivent, sur leur application à un terrain déterminé pour obtenir une récolte maximum, sur le rendement des meilleures variétés, sur l'obtention de ces dernières par semis, etc.

Le reboisement, l'irrigation, la protection des oiseaux et l'organisation de l'enseignement agricole devraient retenir l'attention des pouvoirs publics.

En 1884, la valeur du sucre, exporté par la Martinique, s'élevait à 23,400,000 francs; elle n'était plus que de 10,520,000 francs en 1898. Mais, par contre, celle du rhum, qui n'était que de 5,500,000 francs en 1884, s'est élevée à 7,122,000 francs en 1898.

Comme on le voit, la production du rhum augmente aux dépens de celle du sucre: elle est actuellement de 20 millions de litres par an.

Cacao. — La culture du cacao vient après celle de la canne à sucre; elle occupe une surface de 1,500 hectares, disséminés dans les gorges chaudes et humides où la plante trouve de fertiles alluvions et une protection efficace contre les terribles cyclones qui viennent parfois s'abattre sur l'île et y causer d'affreux ravages.

L'exportation qui, il y a quatre-vingts ans, s'élevait à peine à une centaine de tonnes de cacao médiocre, valant environ 100,000 francs, a atteint, en 1898, 635 tonnes, valant 1,300,000 francs.

La culture du cacaoyer est donc en voie d'extension rapide, mais la surface utilisable est restreinte et il ne semble guère probable que, dans l'avenir, les plantations de cacaoyers dépassent une superficie de 3,000 hectares.

Le café, après avoir tenu une place considérable dans la production agricole de la Martinique, semble appelé à disparaître complètement de la culture de cette colonie. Des maladies nombreuses et certains parasites détruisent peu à peu les caféières.

La Martinique avait envoyé à l'Exposition, avec des sucres cristallisés de l'usine de Basse-Pointe, des échantillons de cacao et de café.

Parmi ses exposants, M. Nollet (Eugène), directeur du jardin botanique à Saint-Pierre, tient une place à part, avec sa belle exhibition de cacao en fèves, kola, pistache et pois d'Anzole.

Il existe, à Saint-Pierre, un Jardin des plantes destiné, d'après l'arrêté du préfet colonial, de 1806 :

1° A favoriser, à multiplier et à améliorer la culture de toutes les plantes utiles et agréables, tant indigènes qu'exotiques, des épices de toute espèce et des fruits de la colonie;

2° A introduire et à naturaliser les végétaux étrangers ayant avec les nôtres un degré suffisant d'analogie:

3° A enrichir, par ce moyen, notre agriculture locale d'une foule de produits applicables à la nourriture des hommes et à celle des animaux ;

IMPRIMERIE NATIONALE.

4° A faciliter l'étude de la botanique, à enseigner aux habitants l'utilité et l'emploi des meilleurs engrais et à essayer de répandre dans la colonie les méthodes nouvelles de culture;

5° A faire naître et entretenir, par des échanges mutuels, des relations avec les contrées étrangères;

6° A distribuer aux personnes de la classe pauvre des plantes médicinales indigènes;

7° A fournir aux Jardins des plantes de la métropole et des colonies françaises les plantes qui pourraient y manquer.

NOUVELLE-CALÉDONIE.

Cette colonie était représentée dans la Classe 39 par plus de 300 exposants. Là, comme dans les autres parties de son exposition, si simple mais si instructive, la Nouvelle-Calédonie, dont le nom, il y a quelques années encore, n'évoquait rien de bon, avait tenu à se montrer telle qu'elle est, c'est-à-dire une région aux ressources abondantes et variées.

Une carte en relief nous faisait voir la grande île de 400 kilomètres de long sur 50 de large, enveloppée d'une ceinture défensive de récifs madréporiques, ménageant au cabotage une sorte de canal d'eau tranquille. Cette même carte nous permettait, en outre, de nous rendre compte, dans ses détails, de la vraie nature de ce pays montagneux, qui se compose, en réalité, d'une série de vallées débouchant à la mer sur les deux côtés et remontant en pente douce jusqu'à des cols peu élevés. Ces vallées, bien arrosées, forment des régions éminemment propres à la colonisation et particulièrement favorables à l'élevage et à la culture.

La totalité des terrains productifs qu'il reste encore à exploiter est considérable. Sur les 2 millions d'hectares qui composent la superficie de l'île, on peut évaluer à 400,000 hectares la partie du sol susceptible de culture fructueuse.

Au surplus, la Nouvelle-Calédonie jouit d'un climat parfaitement sain dans presque toutes ses parties et qui ne saurait en aucune façon être un obstacle à l'émigration.

Les principales cultures auxquelles se livrent les colons sont celles du maïs, du manioc, de la canne à sucre, du café, etc.

Café. — Le premier rang revient à ce dernier produit dont la culture est surtout pratiquée par des colons auxquels des concessions gratuites de 5 à 30 hectares ont été accordées.

En 1898, la production s'est élevée à environ 450 tonnes, dont 352 ont été exportées.

Il existe, en Nouvelle-Calédonie, quelques caféières déjà anciennes qui produisent de 20 à 100 tonnes par an, mais elles sont en petit nombre et les seuls colons de cette catégorie qui aient exposé sont MM. Jouve et Cie, Petit-Jean et Streiff.

MM. Jouve et Cie, en particulier, ont une propriété de 6,000 hectares, dont 250 environ sont plantés en café avec environ 500,000 pieds de tous âges. La production actuelle est de 80 à 100 tonnes, mais elle doit arriver au moins au double.

Cette propriété a été créée par M. Laurie, mort il y a une dizaine d'années, et elle est passée entre les mains de M. Jouve depuis cette époque. On y voit une installation mécanique très complète pour le pulpage, le séchage, le décorticage et le triage des cafés.

MM. Petit-Jean et Streiff exploitent des plantations importantes qu'ils ont créées eux-mêmes, il y a environ vingt-cinq ans, et qui sont actuellement en plein rapport.

A côté d'eux, on trouve un assez grand nombre d'autres colons, dont les propriétés d'importance moyenne sont : les unes exploitées par leurs fondateurs, les autres par de nouveaux arrivés qui les ont achetées.

De plus, il s'est créé, depuis cinq ans surtout, un grand nombre de petites exploitations dirigées par les nouveaux colons venus de France.

Enfin, les pensionnaires de l'Administration pénitentiaire, libérés ou concessionnaires, en cours de peine, ont tous plus ou moins entrepris la culture du café; mais comme ils sont en général peu soigneux, leurs produits sont inférieurs à ceux des colons libres.

Le nombre total des exposants est de 245; mais, si tous ceux qui, dès à présent, récoltent du café avaient exposé, ils seraient au moins 350.

La production de la colonie est d'ailleurs déjà d'environ 500 tonnes, et elle augmente sensiblement d'année en année,

Il arrive en France annuellement au moins 200,000 à 300,000 kilogrammes de café calédonien et cependant il est à peine connu. On n'en trouve nulle part. Cela s'explique facilement, étant donné qu'il est de qualité supérieure et qu'on l'utilise pour certains mélanges qui sont vendus sous les noms de tous les cafés de choix : Bourbon, Martinique, Guadeloupe, Moka, etc. Mais il faut espérer de voir bientôt la fin de ce trafic dont les planteurs sont victimes. L'Exposition aura eu, sans doute, pour résultat d'apprendre au public que la Nouvelle-Calédonie produit d'excellent café en quantité appréciable.

C'est du reste en vue d'arriver à ce but que la colonie avait construit, à ses frais, un kiosque dans lequel le public pouvait, pour une somme minime, déguster une tasse d'excellent café d'origine authentique, très bien préparé.

Au nombre des exposants de la Nouvelle-Calédonie et au premier rang figurait l'Administration pénitentiaire qui avait exhibé une collection nombreuse de ses différents pénitenciers.

Il convient de citer encore MM. Hogdson, Liétard, Augé, Delaunoy, pour leurs cafés remarquables.

LA RÉUNION.

L'île de la Réunion avait placé son exposition dans un petit pavillon qui lui était spécialement réservé. Il y avait là, sous la véranda, entre autres choses, des échantillons de canne à sucre, puis, dans la salle intérieure, à côté des inévitables bouteilles de rhum, des sacs de café, de la vanille, des graines diverses, etc. En un mot, tout un ensemble varié des produits du sol témoignant de la richesse de la flore de cette colonie.

La principale culture de l'île est celle de la canne à sucre qui occupe 35,000 hectares sur 60,000 , c'est-à-dire plus de la moitié des terres cultivées.

Par suite de l'avilissement du prix du sucre, la Réunion traverse une crise pénible, dont elle cherche à sortir en donnant plus d'extension à d'autres cultures, telle que celle du café par exemple. Parmi les échantillons de ce dernier produit figurait dans son exposition une espèce dite *café sauvage,* qui est indigène, et qui paraît présenter un intérêt particulier.

Voici, à son sujet, un extrait d'une lettre adressée par le délégué spécial de la Réunion, commissaire à l'Exposition coloniale, au délégué des Ministères des affaires étrangères et des colonies, à l'Exposition de 1900 :

MONSIEUR LE DÉLÉGUÉ,

J'ai l'honneur de porter à votre connaissance que ce qui me paraît le plus intéressant, dans notre exposition de la Classe 39, c'est l'espèce de café dite *café sauvage,* qui est indigène et absolument distincte de toutes les autres espèces connues.

Le café moka avait été introduit depuis assez longtemps dans la colonie et prospérait sur le littoral lorsque, vers 1715, les habitants de l'île, en défrichant ou en suivant les indications de noirs marrons réfugiés dans le haut de l'île, constatèrent la présence, à Bourbon, d'un café indigène dont l'habitat se trouvait situé à 1,200 mètres d'altitude. (Ce café viendrait donc bien dans l'extrême Sud de la France et en Algérie.)

Les habitants envoyèrent une députation au Régent, pour l'informer de cet événement, alors considérable pour une colonie et sa métropole.

Malheureusement l'île de la Réunion est trop loin de la France pour que de pareilles nouvelles puissent y avoir le retentissement et le résultat qu'on serait en droit d'en attendre. La mode était au moka; on continua dans la colonie à planter du moka, en délaissant le café indigène qui avait le *tort* de pousser sans culture, d'être déjà prêt à être récolté, et qu'il ne s'agissait que de faire consacrer à sa valeur.

Le café sauvage ou café marron ne se rencontre que dans les forêts de la Réunion et à l'état inculte, encore aujourd'hui.

Il est particulièrement intéressant parce qu'il contient, paraît-il, 50 p. 100 de plus de caféine que les autres cafés. Il serait donc utilisé avec grand profit par les chimistes qui recherchent uniquement l'extraction de la caféine, ou par l'Intendance militaire qui doit se préoccuper de fournir aux soldats la plus grande somme possible d'éléments profitables, sous le moindre volume possible.

Le caféier marron ressemble beaucoup aux caféiers cultivables. Les feuilles sont plus arrondies, moins dentelées; ses tiges plus droites, composées d'un bois admirablement souple et résistant qui, une fois verni, ressemble au buis.

Mais ce qui le distingue surtout, c'est la forme de son fruit qui est beaucoup plus allongée et plus pointue que toutes les espèces connues. Il est donc impossible de lui substituer une autre espèce.

Il serait temps de se préoccuper de cette question afin de sauver le caféier marron d'une destruction presque totale. Il était autrefois l'arbrisseau le plus abondant des bois de la Réunion. Aujourd'hui, traité comme un simple bois de forêt, bon au feu ou à la confection des cannes, il devient de plus en plus rare.

Au nombre des exposants de l'île de la Réunion, citons : le CRÉDIT FONCIER COLONIAL DE SAINT-DENIS, pour ses remarquables échantillons de café et de cacao; M. BELLIEY DE VILLENTROY, qui avait envoyé de belles céréales; MM. ISAUTIER, PRADEL, COLSON et Cⁱᵉ, YCARD, pour leurs cafés, et Mᵐᵉ SELHAUSEN, pour ses lentilles et ses haricots.

SÉNÉGAL ET SOUDAN.

Le produit par excellence de ces régions, c'est l'arachide dont on a exporté, en 1899, 125,000 tonnes, représentant une somme de 20 millions de francs. Et cette culture peut encore s'accroître beaucoup, d'autant qu'elle est très facile et rapide.

Ce sont surtout des échantillons d'arachides, mil, maïs, riz, manioc, qui représentaient la production agricole du Soudan.

Ils étaient présentés par le Comité central du Sénégal, le Comité local du Soudan français, les Cercles agricoles de différents centres et la Compagnie française de l'Afrique occidentale.

Nos possessions du Nord de l'Afrique s'étendent maintenant bien loin vers le Sud, et il faut espérer que le projet, hardi à la vérité, mais sans aucun doute appelé à un brillant avenir, du transsaharien, en se réalisant un jour ou l'autre, mettra en communication rapide et directe nos colonies du Soudan et du Sénégal avec les ports de l'Algérie. Dès maintenant, ces régions lointaines ont avec la France un commerce d'année en année grandissant.

TUNISIE.

Il y a quelque vingt ans, à la suite d'événements bien connus, la Tunisie était soumise au protectorat français.

Cette magnifique contrée, pourvue largement des richesses naturelles les plus variées, demeurait presque totalement improductive; sur les ruines de la domination romaine, les Musulmans ne surent point édifier de civilisation véritable : ignorance des populations, rigueur du pouvoir absolu, tout s'opposait au développement économique d'une des régions les mieux partagées de notre vieux monde.

Les opérations militaires achevées, la diplomatie ayant fait son œuvre, tout restait à créer : agriculture, industrie, commerce. A vrai dire, l'incertitude de la propriété, la masse relativement considérable de capitaux à fournir, les imperfections d'une administration naissante rendaient la tâche particulièrement ardue.

Sans se laisser arrêter par ces obstacles, des hommes d'action et d'initiative entreprirent, à leurs risques et périls, de féconder le sol tunisien. Et depuis, de vastes domaines ont été défrichés et mis en culture, de véritables villages créés de toutes pièces; de nouvelles cultures, celle de la vigne, par exemple, ont été introduites dans la colonie, d'anciennes cultures, enfin, depuis longtemps délaissées, telle la culture de l'olivier, ont reçu un nouveau développement.

Les espaces cultivés atteignent aujourd'hui un million d'hectares et produisent surtout des céréales, de l'huile d'olive et du vin.

C'étaient ces produits qui, à l'Exposition, représentaient l'agriculture tunisienne.

Ils provenaient principalement des exploitations que les colons français, depuis vingt ans, sont allés créer en Tunisie.

Quelques-unes de ces exploitations sont devenues des domaines de grande importance admirablement administrés, tel, par exemple, le domaine de Potinville, situé dans les environs d'Hammam-el-Lif, à 19 kilomètres de Tunis.

Ce domaine, qui est l'œuvre de M. Paul Potin, négociant à Paris, embrasse une superficie de 2,800 hectares. Il est limité au nord par le golfe de Tunis; à l'ouest, au sud et à l'est, par de hautes montagnes en fer à cheval dont les derniers contreforts s'arrêtent à peu de distance du rivage.

Un climat particulièrement favorable, des communications faciles par route, par mer et par voie ferrée constituent autant d'avantages dont il a été très heureusement tiré parti.

Le sol, composé en grande partie d'argile et de calcaire, est éminemment propre à la culture. Dans la région la plus élevée, le calcaire, très abondant, fournit la matière première d'une importante fabrication de chaux hydraulique et ciment.

Des fermes, au nombre de cinq, ont été construites au centre des cinq divisions correspondantes. Nous nous bornons à les énumérer.

La ferme de Bordj-Habla s'élève dans la région Ouest du domaine, à 2 kilomètres d'Hammam-el-Lif, à 18 environ de Tunis. On y fait la culture des céréales; on y élève les animaux de race bovine.

La ferme de la Mer, ainsi appelée parce qu'elle se trouve à proximité du rivage, occupe la partie Est. Elle produit également des céréales; mais c'est par l'élevage du mulet qu'elle se distingue de ses voisines.

La ferme de la Baraque tire son nom d'une grande construction aujourd'hui abandonnée près de laquelle on l'a construite. Elle sert à entretenir et à fournir les animaux nécessaires à la ferme centrale.

Du côté Sud, on rencontre la Bergerie uniquement consacrée à la production du mouton; enfin, sur un plateau, se trouve la ferme centrale ou Potinville.

Placée au centre du vignoble, Potinville comprend tous les bâtiments nécessités par une exploitation moderne; des logements d'employés, une école, un bureau de poste et de télégraphe en font presque une petite cité.

Le domaine de Potinville est consacré à l'élevage, à la culture des céréales, de l'olivier et de la vigne.

La région carthaginoise passait jadis, à bon droit, pour le grenier de Rome. Potinville pourrait soutenir cette vieille réputation; car, dans les deux districts de la Mer et de Bordj-Habla, il n'est pas employé moins de 150 hectares à la production des céréales. A vrai dire la récolte est absorbée, en partie, par les hôtes du domaine.

Sur l'emplacement où croissaient autrefois des broussailles et des jujubiers sauvages, M. Paul Potin cultive aujourd'hui, dans les plus vastes proportions, le blé d'Europe, l'avoine et l'orge. Aux méthodes grossières et primitives usitées par les indigènes, il a substitué les procédés modernes les plus perfectionnés; le sol, préparé par des labours de printemps, est ensemencé à la herse au moyen de semoirs mécaniques; la moisson se fait avec des moissonneuses lieuses des types les plus récents.

Comme dans toute la région méditerranéenne, l'olivier croît en abondance à Potin-ville. On peut évaluer à plus de 3,000 le nombre des pieds plantés dans toute la propriété; le traitement de leurs fruits a d'ailleurs nécessité la création d'une huilerie construite auprès de la ferme centrale.

La question du reboisement est capitale dans une entreprise agricole de cette enver-gure; son importance n'a pas échappé à M. Paul Potin. Chacune des fermes est aujour-d'hui entourée d'immenses bouquets d'arbres; les plantations méthodiques entreprises dans la région montagneuse contribuent à en assainir l'atmosphère tout en régularisant le régime des eaux; enfin, le long des routes qui sillonnent la propriété en tous sens, règnent des bordures d'arbres choisis parmi les essences appropriées au climat tunisien.

Un autre domaine, celui de l'Enfida, est de beaucoup le plus considérable de ceux que possède et exploite dans la régence de Tunis la colonie française. Sa superficie est de plus de 100,000 hectares: il s'étend du nord au sud, de Bir-Loubit jusqu'au sud du lac Kelbia, sur une longueur moyenne de 50 kilomètres; de l'est à l'ouest, de la mer à Zaghouan, sur une largeur moyenne de 20 kilomètres.

Il appartient à la Société franco-africaine fondée en 1881.

L'Enfida n'était à cette époque qu'immenses plaines incultes, montagnes couvertes d'une végéta-tion rabougrie, thuyas écimés, dévorés par les chèvres, énormes buissons de lentisques d'un vert sombre, oliviers non greffés, grandes étendues cachées sous les épines des jujubiers sauvages, çà et là quelques caroubiers, de grands jardins de cactus; autour de ces jardins quelques tentes arabes, de rares caravanes venant du Sud et cheminant lentement avec leurs chameaux chargés de dattes et leurs petits ânes ployant sous le poids des coussins remplis de denrées de médiocre valeur. (Ch. Lallemand : *L'Enfida*, p. 31.)

Le premier soin de la Société a dû être d'organiser l'administration du domaine. Elle en a confié la direction à un régisseur résidant à Enfidaville, auquel ont été adjoints ultérieurement un sous-régisseur, un caissier-comptable et un aide-comptable. Elle a mis sous ses ordres trois intendants placés chacun à la tête d'une partie impor-tante du domaine : au Nord, l'intendance de Bou-Ficha; au Centre, celle de l'Enfida-ville; au Sud, celle d'El-Menzel, avec un personnel de gardes européens et indigènes.

La Société ne pouvait songer à aborder l'exploitation directe d'aussi vastes surfaces dans l'état d'abandon où elles étaient demeurées pendant tant de siècles, sans le secours de la main-d'œuvre européenne dont l'importation ne peut être que l'œuvre de longues années et avec le seul concours d'une population indigène presque nomade et quasi réfractaire aux procédés de la culture intensive.

Elle a concentré ses efforts personnels en vue surtout de la reconstitution des forêts, de l'organisation de l'irrigation, de la création de prairies, de l'établissement de vi-gnobles et d'olivettes, chaque branche d'exploitation étant dirigée par un chef de cul-ture ayant sous ses ordres des chefs de chantiers et employant surtout la main-d'œuvre des indigènes que seuls elle peut recruter en nombre suffisant.

La sécheresse est le grand ennemi à combattre à l'Enfida, qui compte pourtant un grand nombre de sources et où les pluies seraient suffisantes si elles ne tombaient par précipitations diluviennes.

Pour assurer la constance du débit des sources et en augmenter l'importance, il faut tout d'abord s'occuper du reboisement des hauteurs, et la bonne utilisation des eaux, tant de sources que pluviales, exige l'organisation d'un système complet d'irrigation.

Le système d'irrigation a eu comme principal objectif l'utilisation des eaux pluviales en vue de répandre, le plus lentement, sur la plus grande surface possible, les eaux précipitées, par les moyens les plus simples et les moins coûteux. Sur les conseils éclairés de M. l'ingénieur des ponts et chaussées Ch. Rebuffel, directeur technique de la Société des grands travaux de Marseille, la Société a fait exécuter, sur les torrents, des barrages qui, en maintenant les eaux, arrêtent également le limon fécond qu'elles charrient et qui vient ainsi recouvrir les terres cultivées et enrichir le sol de nouvelles couches d'alluvions.

Ce système d'irrigation a eu pour résultat de permettre la création de vastes prairies produisant d'excellent foin et d'améliorer, par suite, les conditions de l'élevage.

Dès 1883, la Société a entrepris la constitution d'un vignoble qui couvre aujourd'hui une surface de 300 hectares; le cellier qu'elle a construit en 1886 peut contenir jusqu'à 20,000 hectolitres.

Enfin la Société, reprenant les traditions romaines, poursuit avec persévérance la constitution d'une olivette qui, commencée en 1897, couvre aujourd'hui une superficie de plus de 100 hectares.

Voilà pour ce qui concerne l'exploitation directe.

La Société a, d'autre part, pourvu à l'exploitation indirecte de la plus grande partie de son domaine par l'organisation d'un service de locations à ferme, de métayages et de vente.

Elle a, dans ce but, divisé l'Enfida en dix-neuf enchirs ou cantons, à la tête de chacun desquels est placé un intendant indigène nommé *ouagaf*, servant d'intermédiaire entre la Société et ses locataires ou fellahs.

Pour le détail de cette organisation, nous renvoyons le lecteur à la notice qui accompagnait l'exposition du domaine.

La Société ne s'est pas bornée à la simple administration de son domaine, à la perception de ses revenus; elle s'est attaché à améliorer constamment et par une prudente progression les conditions de l'occupation et de l'exploitation du sol.

Elle a, tout d'abord, facilité les moyens de communication et de transport par des travaux qui ont rendu carrossables les pistes qui traversaient le domaine, par des ponceaux jetés sur les torrents, par des rigoles ménagées pour l'écoulement des eaux; elle étudie en ce moment, avec la Résidence, les conditions d'établissement des routes agricoles destinées à rendre facile l'exploitation des diverses parties de son domaine plus spécialement aptes à la culture et qui, faute de moyens d'accès, restent pour ainsi dire inexplorées.

Elle a concouru par ses études, ses efforts constants et persévérants à faire prévaloir le tracé de la ligne du chemin de fer qui, de Tunis à Sousse, traverse l'Enfida du Nord au Sud sur une longueur de 42 kilomètres avec quatre stations.

La même Société possède encore un domaine à Sidi-Tabet, à proximité de Tunis, dont il n'est distant que de 21 kilomètres. Ce domaine, d'une superficie de 5,000 hectares, a été concédé par le Gouvernement tunisien, suivant décret du Bey en date du 10 juillet 1880, à charge par le concessionnaire d'y établir des haras ayant pour objet l'amélioration des races chevaline et bovine du pays.

Substituée au premier concessionnaire, la Société franco-africaine prenait, en 1881, possession de ce domaine. Cette vaste étendue était alors en plein dénuement et ne donnait à contempler que d'innombrables buissons de jujubiers.

Tout était à faire. La Société franco-africaine entreprit cette œuvre au prix de grands sacrifices.

Aujourd'hui, Sidi-Tabet est sans contredit une des plus importantes exploitations de la Régence; des constructions nombreuses y sont élevées : le haras, la vacherie, la bergerie, habitations diverses, cellier, école, chapelle, ateliers, café, restaurant, etc.

Il y existe nombre de puits et l'eau potable y est en abondance; plus de 4,500 hectares ont été défrichés, des prairies ont été créées ainsi qu'un grand vignoble; de nombreuses plantations d'arbres ont été faites et des voies de communication sillonnent le domaine.

Les 5,000 hectares dont se compose le domaine sont exploités annuellement comme suit :

	hectares.		hectares.
Culture de céréales	600	Vignes	200
Prairies naturelles	300	Cultures irrigables	150
Pacage et jachères	1,250	En location	2,500

Une partie intéressante de l'exploitation est celle des terrains irrigués.

La Medjerdah, qui forme une des limites du domaine, a été utilisée d'une façon pratique pour donner à une grande étendue des terres qui la bordent, au moyen d'irrigations, une fertilité qui combatte la sécheresse.

Une machine élévatoire de la force de 25 chevaux pompe directement l'eau de la rivière et la déverse dans un canal principal qui longe, en les surplombant, tous les terrains irrigués parallèlement au cours de la Medjerdah.

De ce canal partent à intervalles égaux des rigoles perpendiculaires, en pente calculée de façon à répandre l'eau jusqu'aux limites extrêmes des terrains.

Un système de vannes en fer permet d'irriguer à volonté telle ou telle partie des terres.

Ces dernières, qui comprennent 150 hectares, constituent pour l'exploitation des pâturages assurés en tout temps et indispensables pour les effectifs du haras.

Outre 12 hectares de luzerne et 40 hectares de prairies artificielles, les terrains irrigués comprennent des champs de betteraves, carottes, maïs, sorgho, etc., dont la récolte certaine constitue un précieux appoint pour les années de sécheresse.

En bordure de la Medjerdah existe un beau verger contenant des orangers, mandariniers, grenadiers, abricotiers, cognassiers, etc.

Parmi les arbres qui clôturent les prairies et bordent les chemins, les principales essences sont : le frêne, l'acacia, l'eucalyptus, le mimosa et le peuplier.

Voici un tableau de la production moyenne à l'année sur l'étendue du domaine :

Céréales.........(quintaux)	35,000	Moutons............(têtes)	2,000
Paille..............(idem)	25,000	Chèvres............(idem)	200
Foin...............(idem)	10,000	Chevaux............(idem)	150
Laine.............(kilogr.)	5,000	Ânes et mulets........(idem)	150
Bétail.............(têtes)	800		

Nous citerons encore l'immense domaine que M. CRÉTÉ, ancien officier de l'armée française, a su, par son intelligence et son activité, se créer de toutes pièces à Crétéville. Ce domaine est peut-être le plus judicieusement aménagé de toute la région.

Et enfin celui de M. PROUVOST, à Kira, lequel s'étend sur 2,000 hectares dont 220 en vignes, 800 en céréales, 800 en pâturages.

Ce domaine est devenu un centre important faisant vivre environ trois cents personnes.

Le Sahel tunisien. Culture de l'olivier. — Avec la culture des céréales et celle de la vigne, la culture de l'olivier tend à prendre une extension de plus en plus grande en Tunisie. C'est surtout dans la région du Sahel que l'on exploite l'olive.

On donne le nom de Sahel aux collines côtières de l'Afrique septentrionale.

Dans cette merveilleuse contrée, les céréales ont une importance considérable, mais on y rencontre surtout l'olivier, cultivé avec un soin jaloux par les habitants du Sahel dont il fait d'ailleurs la richesse.

Le Sahel ne comporte pas moins de 5 millions d'oliviers et cette immense fortune naturelle ne pouvait manquer d'attirer l'attention des industriels de Provence, habitués à la fabrication de l'huile.

Aussi, dès l'annexion de la Tunisie à la France, un certain nombre de ceux-ci songèrent à établir une dérivation de ce fruit merveilleux vers le marché français.

Émus en voyant le produit d'une terre désormais française détenir le premier rang sur les marchés nationaux, sous une dénomination étrangère, quelques-uns d'entre eux n'ont pas hésité à créer dans le Sahel des établissements considérables, et même à y engager des capitaux qui se chiffrent par plusieurs millions. Les usines montées par eux n'ont pas tardé à prendre une large part sur ce marché, grâce à l'excellence de leur fabrication et à la supériorité, aujourd'hui incontestée, de leurs produits.

Parmi ces établissements, nous devons mentionner la SOCIÉTÉ GÉNÉRALE DES HUILERIES DU SAHEL TUNISIEN.

Cet établissement est très important. Il peut produire de 9,000 à 10,000 kilogrammes d'huile par jour, et la perfection de son outillage est absolue.

L'usine est située sur le bord de la mer; elle se compose d'un corps de bâtiment principal, rectangulaire, à deux étages, de plusieurs autres constructions accessoires et d'une fort belle maison d'habitation.

Plusieurs emplacements sont réservés pour les indigènes, qui restent propriétaires de leurs olives et qui font fabriquer l'huile pour leur propre compte, moyennant un prélèvement de 8 p. 100 pour les frais de fabrication.

Les autres olives sont acquises par la Société du Sahel, qui les paye à deniers comptants et souvent à l'avance, sous forme d'achats à livrer. Ce dernier mode plaît beaucoup au plus grand nombre des indigènes, toujours besoigneux et peu prévoyants, mais il exige de gros capitaux de la part des industriels.

En présence du chiffre considérable des demandes qui lui parvenaient, la Société du Sahel a construit plusieurs établissements dans la région même.

Ces établissements de second ordre, dépendant tous de la maison mère, sont au nombre de cinq :

1° Celui de M'Saken, ville de 12,000 à 15,000 âmes. Une usine à vapeur y a été installée. L'usine peut, avec ses deux presses préparatoires et ses six presses hydrauliques, produire 4,000 kilogrammes d'huile en vingt-quatre heures;

2° Celui de Moukenine, ville de 14,000 à 15,000 habitants, de même importance que la précédente;

3° Celui de Ksibal-el-Soussa dont l'unique moulin est mû par un chameau.

Enfin les deux usines de Kalla-Kébira et de Kalla-Srira, deux charmants bourgs de 4,000 à 5,000 âmes situées au nord de Sousse.

Le maximum de production totale des divers établissements de la Société du Sahel est d'environ 22,000 kilogrammes d'huile en vingt-quatre heures. On y travaille jour et nuit pendant tout le temps que dure la récolte des olives, c'est-à-dire plus de quatre mois de l'année.

Plusieurs autres huileries très importantes, créées dès le début de l'occupation, appartiennent à la maison GAILLARD (Auguste) et fils, de Marseille.

Cette importante maison a été fondée en 1871, à Salon, et son chef, M. A. Gaillard, créa, dès le début de l'occupation tunisienne, avec son ancien associé, M. Cavaillon, plusieurs établissements importants en Tunisie, sous le nom de «Sahel tunisien».

A cette époque, la Régence ne produisait que des huiles d'olive dites *masseries*, destinées à la fabrication du savon. Grâce aux méthodes de culture de l'olivier et aussi à l'installation de plusieurs usines à vapeur, dont le mérite revient à la maison GAILLARD et CAVAILLON, les huiles de Tunisie se transformèrent rapidement et elles ne tardèrent pas à prendre, sous les efforts particuliers de M. Gaillard, une place prépondérante sur les marchés français et étrangers.

Aussi, à l'exposition de 1889, cette maison obtenait le grand prix et M. Gaillard fut décoré de la Légion d'honneur pour services exceptionnels rendus à la Tunisie.

Depuis lors, la maison Auguste Gaillard et fils s'est transportée à Marseille dans le but de faciliter ses importantes opérations d'embarquement et de réception des huiles.

Sans compter ses nombreux comptoirs dans les pays de production, elle vient de créer à Malaga une succursale pour l'exploitation des huiles d'olive de l'Andalousie.

Son chiffre d'affaires, qui atteint actuellement plus de 3 millions de francs, en fait une des maisons les plus importantes qui s'occupent de cet article.

Au nombre des exposants que le Jury a particulièrement remarqués citons encore la DIRECTION DE L'AGRICULTURE ET DU COMMERCE DE LA RÉGENCE DE TUNIS, L'ÉCOLE COLONIALE D'AGRICULTURE ET FERME D'EXPÉRIENCE DE TUNIS, la SOCIÉTÉ ANONYME DES GRANDES HUILERIES DE SFAX.

PAYS ÉTRANGERS.

ALLEMAGNE.

Considérations générales. — En France comme en Allemagne, on était anxieux de connaître ce qui ressortirait de l'exposition agricole des deux pays.

L'Allemagne avait tout organisé disciplinairement; les exposants avaient été triés sur le volet; tout ce qui pouvait paraître un peu inférieur avait été éliminé; et, avec un esprit de solidarité digne d'être donné en exemple, l'Allemagne a présenté au monde la puissance économique de son agriculture.

Mais tout en rendant hommage à nos concurrents d'outre-Rhin nous pouvons avec fierté penser que notre agriculture n'est point inférieure à la leur, qu'elle supporte la comparaison.

Ajoutons qu'il semblerait à certains indices que l'Allemagne est en voie de devenir, comme l'Angleterre une puissance beaucoup plus industrielle et commerciale qu'agricole. Sa population, très rapidement croissante, s'éloigne du sol et la pénurie d'ouvriers agricoles se fait sentir aujourd'hui, alors qu'il y a quelques années seulement la main-d'œuvre y était des plus faciles. Une statistique que nous empruntons à l'excellent ouvrage *L'Agriculture allemande à l'Exposition* nous montre que la population exclusivement agricole n'est que les 0,35 de la population totale.

Toutefois, à l'heure présente, la valeur de la production agricole, au moment de l'utilisation des produits, est presque égale à celle de la production industrielle. Celle-ci dépasse 10 milliards de francs, tandis que celle-là reste un peu au-dessous de ce chiffre.

Il convient, en outre, de remarquer que la disproportion ne fera que s'accroître en faveur de l'industrie, car les progrès qu'il reste à réaliser dans l'agriculture ne permettront pas à cette branche d'aller du même pas que l'industrie. Les rendements que l'agriculteur obtient s'accroîtront-ils indéfiniment?

Ces rendements, du reste, atteignent déjà, bien souvent, un taux que l'on ne saura peut-être de longtemps beaucoup dépasser. Car l'Allemagne n'a pas su, moins que la France, profiter de l'expérience et du savoir de ses agronomes, de ses savants et de ses législateurs.

Progrès de l'agriculture. — Depuis cent ans, elle a fait faire à l'industrie agricole de remarquables progrès dont les causes résident : 1° dans une législation agraire bien comprise; — 2° dans l'établissement d'une science agricole et la pénétration de ses découvertes dans la pratique culturale; — 3° dans le grand développement des moyens de communication; — 4° dans un esprit d'association bien entendu qui contribue aux progrès de l'agriculture et permet une protection efficace des intérêts agricoles; — 5° dans la coopération qui rend au cultivateur, dans le domaine économique, les mêmes services que l'association dans le domaine technique; — 6° dans l'extension des industries agricoles, notamment celle de la distillerie et surtout celle de la fabrication du sucre; — 7° enfin dans les progrès du matériel agricole.

Le résultat du développement de quelques-uns de ces faits a été l'amélioration intrinsèque des terres cultivées, l'augmentation de leur étendue et, en troisième lieu, l'accroissement de la productivité par l'emploi de meilleures méthodes culturales accompagnées de l'usage raisonné des engrais de ferme et des engrais chimiques.

L'étendue des surfaces cultivées, qui était de 32,150,000 hectares en 1878, s'élevait à 33,040,000 hectares en 1893. Le quantum des jachères atteignait 30 à 33 p. 100; il n'est plus que de 5,17 p. 100 environ des terres labourables.

D'un autre côté, les rendements augmentaient avec la progression dans la consommation des engrais complémentaires. La quantité de superphosphates, par exemple, est passée, de 1893 à 1899, de 600,000 tonnes à 835,000 tonnes.

Une part de cet accroissement dans les rendements revient sans contredit à une meilleure méthode de production de semences prolifiques et résistantes.

La production des graines tient du reste une grande place dans l'agriculture allemande; aussi était-elle largement représentée dans son exposition. Nous en ferons plus loin un examen sommaire.

Donnons auparavant, sur les principales cultures alimentaires quelques renseignements que nous extrayons de *L'Agriculture allemande à l'Exposition* et d'un rapport présenté par M. le docteur Wittmach au Congrès international d'agriculture de 1900.

En 1889 l'étendue cultivée en céréales est sensiblement la même pour l'Allemagne que pour la France. Elle était de 14,269,000 hectares pour le premier pays et de 15,440,000 hectares pour le second.

Mais il y a la grande différence que la France est le pays du blé et l'Allemagne celui du seigle.

En France, on a : 7,166,500 hectares de froment; en Allemagne seulement 2,045,000 hectares.

C'est-à-dire, en France, 46 p. 100 du terrain des céréales; en Allemagne, 13 p. 100.

Par contre la France a seulement 1,527,000 hectares de seigle, l'Allemagne 6,017,000, autrement dit, d'un côté, moins de 10 p. 100, et de l'autre, plus de 37 p. 100.

En ce qui concerne l'avoine, les deux pays sont tout à fait égaux, chacun d'eux en cultive 3,900,000 hectares. Mais pour l'orge, la France a seulement 907,000 hectares, l'Allemagne 1,627,000, donc presque le double. Ajoutons qu'une grande partie de l'orge française est de l'escourgeon, c'est-à-dire l'orge d'hiver à six rangs, qui n'a pas autant de valeur pour la brasserie que l'orge à deux rangs.

Il ressort de ces chiffres que l'Allemagne est surtout un pays producteur de seigle, et que la culture des céréales forme la base de son agriculture.

Environ 7,290,000 hectares sont cultivés en fourrages et en pâtures, et 5,900,000 en prairies naturelles.

Sur les 4,238,000 hectares consacrés aux plantes sarclées, la pomme de terre en absorbe 3,037,000 hectares, c'est-à-dire plus du double de l'étendue cultivée en France.

La culture de la betterave occupe le reste des surfaces destinées aux plantes sarclées, soit 437,174 hectares dont 428,000 hectares pour la betterave à sucre. La France emploie à cette dernière culture 260,000 hectares.

L'Allemagne produit 12,400,000 tonnes de betteraves par an et la France 7,300,000 tonnes.

Mais chose étrange, il faut en France 160 kilogrammes de betteraves de plus qu'en Allemagne pour produire 100 kilogrammes de sucre. Cela s'explique peut-être, parce qu'il y a en Allemagne un climat plus continental; la racine mûrit mieux.

Il est singulier que, malgré les prix bas, la culture des céréales principales en Allemagne ait augmenté de 1878 à 1893 de 300,000 hectares, et c'est surtout le froment qui y participe pour 100,000 hectares.

Il est probable que cela vient de l'amélioration des tourbières et des pâturages où l'on a créé des champs fertiles.

Ont augmenté aussi les plantes sarclées et les plantes fourragères, tandis que la jachère, les pâturages et certaines plantes industrielles ont diminué.

Le fait principal, c'est que le rendement par hectare a augmenté, comme probablement dans tous les pays et surtout en France. Le rendement a été en France et en Allemagne :

CULTURES.	FRANCE.		ALLEMAGNE.		AUGMENTATION.
	1889-1898.	1889-1898.	1880-1889.	1887-1896.	
	hectolitres.	quintaux.	quintaux.	quintaux.	quintaux.
Froment................	15,90	12,72	13,1	14,3	1,2
Seigle..................	15,70	11,93	9,7	10,8	1,1
Orge...................	18,5	13,87	12,9	13,4	0,5
Avoine.................	22,76	11,38	11,3	11,9	0,6
Pommes de terre..........		105,2	83,2	89,6	6,4

D'après M. Hugo Werner, dans L'Agriculture allemande le rendement du froment en Allemagne avait crû de 1880 à 1890 de 10 p. 100, celui du seigle de 4 p. 100. Et dans les dix dernières années on enregistre un accroissement de production de :

Seigle.. 19 p. 100
Froment.. 10
Orge... 3
Avoine... 2
Pomme de terre... 25

Cette augmentation sensible vient, nous l'avons dit, pour une grande part de l'amélioration dans les méthodes de culture et de l'application toujours croissante des engrais artificiels; mais sûrement aussi d'une perfection plus grande dans les graines de semences employées.

Production des graines sélectionnées. — La production des graines sélectionnées qui était un des côtés certainement les plus intéressants de l'exposition allemande mérite quelques mots d'historique :

L'Allemagne n'est entrée qu'après d'autres pays dans la pratique de la sélection des plantes cultivées. L'Angleterre et la France l'avaient devancée dans cette voie.

En France, M. Vilmorin, le grand-père du propriétaire actuel de la célèbre maison française, avait constaté, dès 1847, que les betteraves provenant d'une même culture avaient, suivant les individus, une richesse en sucre très variable. Il commença, en 1851, à sélectionner les betteraves d'après leur teneur sucrière, déterminée par la densité. Son fils et son petit-fils continuèrent ses travaux et appliquèrent ses méthodes aux céréales et à beaucoup d'autres plantes. En Allemagne, on a commencé vers la fin de 1850 à choisir les betteraves fourragères d'après leur densité; la sélection des céréales est d'introduction encore plus récente. Son fondateur est le docteur W. Rimpau, de Schlanstedt, qui commença, en 1868, la sélection du seigle de Schlanstedt en choisissant les épis les plus lourds et dont la forme était la plus typique. Depuis 1870 le nombre des sélectionneurs allemands a augmenté dans des proportions étonnantes. La sélection de la pomme de terre remonte, autant qu'on puisse le savoir, aux premiers travaux de Richter, à Zwicau, vers 1870.

Le nombre des producteurs de nouvelles variétés augmente chaque année et on peut, sans exagérer, estimer qu'il y a maintenant, en Allemagne, 50 à 60 sélectionneurs de betterave à sucre (principalement dans la province de Saxe, Brunswick, Anhalt et surtout dans l'Allemagne centrale).

Dans les autres pays de culture : Autriche-Hongrie, Russie, Suède, Italie, Amérique, la sélection n'est en usage que depuis 1880 environ; mais à l'heure actuelle, il n'y a peut-être pas de pays agricole où cette pratique ne tienne une grande place.

La science s'est appliquée à son tour en Allemagne depuis 1870 à l'étude de cette question, déjà traitée à de nombreuses reprises en France et en Angleterre. Le premier travail de ce genre qui ait été fait pour l'enseignement agricole est dû à M. Rümker, de Breslau, dont nous ne faisons que reproduire ici presque intégralement la notice qu'il a écrite sur « la sélection des plantes cultivées en Allemagne » et qui avait d'autre part présenté à l'Exposition ses méthodes et ses appareils pour le sélectionnement.

La sélection de la betterave à sucre était uniquement basée en Allemagne, de 1834 à 1860, sur le choix des pieds-mères, d'après leurs racines et leurs feuilles, sans qu'on ait alors de renseignements exacts sur les relations de la forme et de l'aspect des betteraves avec leur productivité. En 1850, on base la sélection sur la densité, déterminée par l'immersion des betteraves entières, ou de morceaux prélevés sur des points déterminés. Vers 1860, à Klein Wanzleben, on utilise la polarisation du jus obtenu par pression après l'avoir clarifié au moyen de l'acétate de plomb. Cette méthode fut employée en Allemagne par Dippe de Quedlinbourg, vers 1879. Puis, on lui substitue à Klein Wanzleben la polarisation de la pulpe, employée d'abord comme moyen de contrôle et, à partir de 1886, comme base de sélection. Les autres sélectionneurs de betterave ont utilisé la polarisation de la pulpe et la digestion à froid dans l'eau et l'alcool ou à chaud dans l'alcool; introduite pour la première fois en 1880 et qui s'est maintenue depuis sans changements importants.

La détermination du sucre par les procédés chimiques, très usitée en France, ne s'est pas implantée en Allemagne; dans la plupart des cas, le choix est basé sur la détermination du sucre par des méthodes physiques, par la polarisation, en tenant compte de la forme des racines et des feuilles, du poids absolu des betteraves, de la pureté du jus, de son abondance, de la dureté et des tendances à monter à graine. En ces derniers temps, on sélectionne très souvent en multipliant les racines d'élite, soit par la simple division, soit par de véritables boutures, ou chez les producteurs qui n'emploient pas cette méthode, à l'aide d'une génération intermédiaire maintenue très petite.

La sélection des céréales en Allemagne était basée, de 1870 à 1890, sur le croisement ou sur le choix des plus beaux épis. Les travaux de ces vingt années ont porté d'abord sur le grain et la fleur; on étudia l'influence du poids du grain (poids absolu, densité et poids de l'unité de volume), de sa grandeur, de sa forme et de ses autres propriétés extérieures sur la productivité et sur toutes les qualités des céréales complètement développées. Les recherches de Haberlandt, Hellriegel, Nowacki, Wollny, Marck et autres fournirent les bases d'un triage rationnel des grains, à l'aide de machines ou d'autres procédés. Rimpau étudia la floraison et fit connaître l'auto-stérilité du seigle, confirmée ensuite par von Liebenberg. Vers 1885, les observations s'étendent au grain tout entier; on étudie la variation du poids des grains le long des épis, l'hérédité du poids des grains et des épis, les relations du poids et de la forme des grains et des épis avec la productivité, etc. (Wollny, Fruwirth, von Rümker, Clansen, Liebscher, von Neergard); — la nature et l'importance de l'apparence farineuse ou glacée des blés (H. Heine et autres).

La période la plus récente commence vers 1890; avec elle, l'attention ne se porte plus seulement sur le grain et le fruit, mais sur toute la plante et sur ses relations avec le monde extérieur.

Sous l'influence de ces très nombreuses recherches, la technique de la sélection des céréales a fait de grands progrès et les principes qui servent de base au choix rationnel des individus d'élite sont aujourd'hui bien plus solides et bien plus clairs qu'il y a vingt ou trente ans. Toutefois la sélection des céréales est moins avancée que celle des betteraves à sucre. La matière est beaucoup plus délicate. Les croisements sont encore très employés, comme autrefois, pour la production de nouvelles variétés et les progrès de la technique sont ici à peine sensibles. Le point principal sur lequel les efforts ont porté jusqu'ici est de fixer les bases d'un choix rationnel des individus d'élite.

La sélection de la pomme de terre, en Allemagne, se limite à peu près exclusivement à la production de nouvelles variétés, soit par le semis des graines qui se développent normalement dans les baies de pommes de terre, soit par le croisement dans la plupart des cas. On se base ensuite, pour faire un choix parmi les produits obtenus, sur la forme des tubercules, leur couleur et leur constitution, leur densité, la disposition des yeux, la durée de la végétation, la quantité et la qualité des tubercules produits, la nature du feuillage, etc.

La sélection des légumineuses est moins avancée que celle de la pomme de terre, bien qu'on ait déjà obtenu des résultats pratiques dignes d'être signalés (par exemple les pois Victoria, de Strabe-Schlansted).

La sélection de la betterave fourragère n'est pas encore sortie de la période d'incertitude; on n'est pas encore parvenu à s'entendre sur le but à atteindre.

EXPOSANTS.

L'exposition agricole allemande comprenait des expositions individuelles et des expositions collectives.

Pour apprécier les unes et les autres, nous ne croyons pouvoir mieux faire que d'emprunter les remarques judicieuses publiées à cette occasion par M. Hitier dans le *Journal d'Agriculture pratique*.

Dans le premier groupe nous rencontrons d'abord l'exposition de M. O. CIMBAL, de Frömsdorf (Silésie). Ce sont surtout des blés et pommes de terre.

Et comme nous le remarquerons dans les autres expositions, c'est sur le blé square head (blé à épi carré) que cet habile agriculteur a fait surtout porter ses travaux de sélection. La sélection de cette variété de blé à très grand rendement a été souvent faite en vue de le rendre plus résistant aux gelées. M. Cimbal s'est ensuite servi du square head sélectionné pour féconder d'anciennes variétés de pays très rustiques, très riches en gluten, et il y a là exposée toute une collection des hybrides ainsi créés. En général, les épis mères des variétés de pays étaient trop longs, à épillets peu serrés; croisés avec le square head, comme père, on a obtenu des épis de forme plus allongée que ce dernier, mais en même temps à épillets plus serrés que dans les épis mères; les échantillons exposés présentent une uniformité remarquable.

Le docteur RIMPAU, de Schlanstedt (Saxe), expose lui aussi une très belle collection des diverses variétés de céréales qu'il a améliorées : square head, blé hybride hâtif (croisement d'un blé très précoce d'Amérique et de square head), blé de printemps rouge de Schlanstedt, avoine de Milton, orge de Hana, pois Victoria, etc.; de plus des épis, placés sous verre dans des cadres, montrent les méthodes que le docteur Rimpau a suivies pour la sélection, la recherche, la propagation des variations spontanées et les hybridations artificielles.

Signalons les expositions de céréales améliorées et de betteraves à sucre de MM. HEINE, BESSELER, DIPPE, etc.; et aussi, dans les expositions de M. STEIGER, de Leutewitz (Saxe), et de M. BORRIES, à Eckendorf (Westphalie), les types de betteraves fourragères que ces agriculteurs sélectionnent depuis de longues années. La betterave fourragère de Leutewitz est une variété jaune et rouge, de forme sphérique; l'Eckendorf, au contraire, est cylindrique. Ce sont de très grosses betteraves à collet aussi petit que possible (on les a sélectionnées dans ce sens pour éviter une perte au décolletage) et, dit-on, sélectionnées d'année en année, en vue de la richesse en matière nutritive. A ce point de vue, toutefois, elles nous paraissent bien grosses, 10 kilogrammes.

M. DE LOCHOW, à Petkus (province de Brandebourg), présentait un seigle très remarquable à grand rendement, d'excellente qualité et dont les pailles sont si résistantes qu'il a pu donner à son exposition, sans tuteurs, la forme d'un champ planté en seigle.

Particulièrement intéressantes et instructives sont les expositions collectives faites par des groupes d'agriculteurs syndiqués en vue de la production et de la vente de certaines spécialités d'orges, de seigle, d'avoine. On sait combien, en Allemagne, est développé l'esprit d'association et quels immenses services les agriculteurs ont su tirer de l'association non seulement pour le crédit et pour l'achat des matières premières, des engrais, mais maintenant encore et surtout pour la vente. Ainsi nous avons à cette exposition : une collection très belle de seigles de Pirna (Saxe), d'orges du Palatinat, des avoines de semence du Fichtelgebirg (Bavière), des avoines et orges des six bailliages de Bayreuth (Bavière). Ces céréales sont produites par un groupe de petits agriculteurs de ces régions, qui se sont syndiqués en vue, d'abord, d'améliorer la production de telle variété au moyen d'une sélection méthodique des semences; les grains destinés à la vente sont envoyés dans les magasins de l'association où ils sont passés à des trieurs perfectionnés. C'est là enfin où on les met en sac plombé avec le timbre de la Société, ce qui garantit à l'acheteur la provenance certaine de la variété qu'il a demandée.

Si la France a devancé l'Allemagne dans l'amélioration du bien-être des populations rurales, la puissance de l'association a, chez elle, donné des éléments de prospérité considérables.

Armées pour enrayer la baisse désastreuse des produits de la terre, les associations opposent une résistance efficace à l'effondrement des cours.

En France, nous en sommes encore à trop souvent compter sur l'État pour nous sauver des crises agricoles alors que la mutualité et la coopération sont, en Allemagne, la base de la lutte agricole.

Une exposition curieuse et d'un intérêt rétrospectif était celle de la SECTION BOTANIQUE DU MUSÉE DE L'ÉCOLE SUPÉRIEURE D'AGRICULTURE à Berlin dirigée par M. le docteur Wittmack qui présentait des analyses botaniques de céréales et de graines préhistoriques provenant des ruines de Troie, de l'ancienne Égypte, des habitations lacustres, etc.

Culture de la betterave. — L'Allemagne n'a pas cru devoir envoyer de sucres à l'Exposition de 1900; mais l'ASSOCIATION DE L'INDUSTRIE SUCRIÈRE ALLEMANDE avait exposé des cartes et des diagrammes relatifs à la production, la consommation, l'exportation et au prix du sucre dans le monde entier et en Allemagne. Ces documents, d'ailleurs fort intéressants à étudier, mettent surtout en évidence le rôle prépondérant de l'Allemagne au point de vue de la production et de l'exportation du sucre comparativement aux autres pays.

La campagne dernière, l'Allemagne n'a pas produit moins de 1,791,000 tonnes de sucre de betterave (près du double de la production de la France), et sa part a atteint 33 p. 100, soit le tiers de la production totale du sucre de betterave. Il y a dix ans, la production de l'Allemagne était de 1,261,000 tonnes, soit de 35,4 p. 100 du total.

Dans le cours de cette période, la production allemande ne s'est pas accrue de moins de 530,000 tonnes, soit de 42 p. 100.

A l'heure actuelle, l'Allemagne vient au premier rang dans le monde entier sous le rapport de l'importance de la production du sucre. Mais elle devra compter dans l'avenir avec l'expansion de la concurrence étrangère, avec les difficultés de la main-d'œuvre agricole. Aussi songe-t-on déjà sérieusement en Allemagne à développer le plus possible la consommation indigène du sucre.

Le mouvement des sucres en ces dernières années montre que celle-ci a fait de notables progrès (chiffres en tonnes).

	PRODUCTION.	CONSOMMATION.	EXPORTATION.
1896-1897.................	1,821,233	561,882	1,237,521
1897-1898.................	1,844,399	708,237	1,041,801
1898-1899.................	1,722,429	757,098	1,010,297
1899-1900.................	1,791,252	847,131	976,104

Ainsi la production de l'Allemagne arrive à son apogée, tandis que la consommation a passé de 561,882 tonnes en 1896-1897 à 847,131 tonnes en 1899-1900, accusant ainsi en quelques années un gain de 286,000 tonnes ou près de 50 p. 100. Par suite, le taux de la consommation, qui était de 10 à 11 kilogrammes par tête vers 1890, atteint actuellement 15 kilogr. 18, et l'Allemagne, au lieu d'avoir à exporter comme autrefois les deux tiers ou les quatre cinquièmes de sa production, n'a plus besoin d'en exporter que la moitié environ.

C'est désormais sur le développement de la consommation intérieure que semblent devoir se concentrer les efforts des industriels. Ils ont, l'an dernier, voté à cet effet une somme de 100,000 marks et nommé une commission chargée de rechercher les moyens de multiplier les usages du sucre. Il y a là un fait extrêmement important et dont la signification ne devra pas échapper aux fabricants clairvoyants des autres pays. Avec la création du cartel des fabricants et des raffineurs de sucre, réalisée l'an dernier, et ayant pour but le maintien des prix de vente à l'intérieur à un taux rémunérateur, l'industrie allemande espère ainsi être en état de résister à l'expansion de la production du sucre dans l'ancien et le nouveau monde. L'expérience est intéressante à suivre.

AUTRICHE.

L'Autriche, dans son exposition, a plutôt voulu montrer au monde le développement pris chez elle par les industries agricoles plutôt que faire connaître la situation générale de son agriculture.

Est-ce à dire que les produits du sol n'y tenaient pas une grande place et que les documents techniques ou statistiques y faisaient défaut? Certes non. Tous ceux qui ont visité l'exposition autrichienne se rappellent encore y avoir vu de beaux blés, des orges superbes, et des betteraves d'une belle venue, en même temps que des photographies, des plans, des monographies, des chiffres. Mais, en dehors de quelques expositions renseignant particulièrement les curieux sur la culture générale ou sur l'exploitation des grands domaines, les produits et les documents présentés étaient groupés autour de l'industrie à laquelle ils se rapportaient ne servant qu'à concourir à l'impression d'ensemble que l'on voulait produire.

Culture de la betterave. — Ainsi, c'est dans cette intention que tout ce qui concernait la culture de la betterave figurait dans une des belles vitrines de l'exposition collective des fabricants de sucre.

Il y avait là une collection de modèles des variétés de betteraves cultivées en Autriche, d'après les données de la Section de physiologie de la Station de recherches de l'Association centrale, puis douze clichés représentant l'évolution de la betterave à sucre depuis sa forme sauvage spontanée jusqu'à sa forme actuelle. Ces clichés ont été exécutés d'après les épreuves originales du chevalier E. de Proskowetz fils, lequel a entrepris sur ce sujet, à Kwassitz (Moravie), des études d'une haute valeur.

A côté de ces clichés, on voit des échantillons de graines de betteraves des formes spontanées ou cultivées, une tige de porte-graines de la Belapatula B., forme spontanée des Canaries, et des squelettes de betteraves préparés par M. E. Proskowetz fils. Inutile d'insister sur l'intérêt qu'offrent pour le botaniste, le physiologiste et l'agriculteur ces spécimens de betteraves, de semences et ces préparations très rares. A proximité, on peut étudier une collection complète des petits ennemis de la betterave à sucre *in natura*, notamment des préparations de nématodes de la betterave, montrant nettement les femelles adultes fixées sur le chevelu de la racine, des préparations de dorylaimus, d'enchytraeïdes, de tylenchus, etc.

L'industrie du sucre de betterave, dit M. G. Dureau, joue un rôle considérable dans l'agriculture autrichienne. Elle vient comme importance de production immédiatement après l'Allemagne, laquelle est, comme on sait, le plus grand producteur de sucre de l'univers. Il y a dix ans, l'Autriche-Hongrie produisait 740,000 tonnes de sucre brut, soit 20,8 p. 100 de la production totale du sucre de betterave; actuellement sa production atteint 1,100,000 tonnes et représente 20,3 p. 100 de la production universelle du sucre de betterave (y compris les États-Unis d'Amérique). L'industrie sucrière austro-hongroise s'est, on le voit, énormément développée durant les dix dernières années,

Il est à remarquer, toutefois, que ce développement a porté, non point, comme on pourrait le croire, sur le nombre de fabriques, mais sur la puissance de production des usines. En 1889-1890, l'Autriche-Hongrie possédait 214 fabriques de sucre de betterave alimentées par 272,739 hectares, soit de 1,278 hectares en moyenne par fabrique; ces usines produisaient 740,147 tonnes de sucre brut, soit 3,458 tonnes de sucre par fabrique; en 1898-99, le nombre des fabriques était encore de 214, mais la superficie cultivée en betteraves se montait à 308,000 hectares, soit 1,430 hectares par fabrique, et la production atteignait 1,041,769 tonnes, soit 4,890 tonnes par fabrique. La capacité de production des fabriques a donc été augmentée en moyenne de 42 p. 100 pendant la dernière décade.

Malgré ce rapide développement, il ne semble pas que l'extension de la production austro-hongroise touche à son terme. De récentes statistiques nous apprennent en effet que les emblavements de betteraves pour la campagne prochaine ont été portés à 339,600 hectares contre 325,400 hectares en 1899, soit une augmentation nouvelle de 4,3 p. 100 sur la dernière campagne. En ce qui concerne le rendement cultural de la betterave, le taux moyen en ressort, pour 1898-1899, à 24,710 kilogrammes par hectare, contre 23,100 kilogrammes en 1889-90, résultats évidemment un peu faibles, mais qui semblent rachetés en partie par la bonne qualité des racines, le rendement en sucre brut de l'ensemble des usines atteignant 13.70 p. 100 du poids de la betterave travaillée contre 11.74 p. 100 il y a dix ans.

Touchant la consommation du sucre, l'Autriche-Hongrie occupe un rang plutôt secondaire, ce qui tient apparemment à l'élévation relative de l'impôt (19 florins ou près de 40 francs par 100 kilogrammes). Son coefficient par tête, inférieur à celui de l'Allemagne et de la France, n'est que d'environ 8 kilogrammes et sa consommation totale, qui était en 1889-90 de 287,003 tonnes en brut, s'élevait en 1898-99 à 389,710 tonnes, accusant ainsi un décroissement de 35 p. 100, tandis que la production a progressé de 40 p. 100. L'Autriche-Hongrie dispose, dès lors, on le voit, d'un excédent de sucre notable et, par suite, elle est obligée de s'adresser au marché universel pour une grande partie de son sucre.

Après la sucrerie, la brasserie est la principale industrie agricole; aussi les orges de brasserie de la Bohême, de la Moravie, de la Silésie étaient largement représentées dans l'exposition autrichienne.

Orges de Hana. — A signaler les orges de Hana, qui se recommandent par leur précocité et leur fécondité.

A cause de leur grande énergie germinative, elles peuvent être livrées plus tôt aux germoirs des brasseries et grâce à leur productivité elles sont recherchées des cultivateurs.

Dans les années favorables, comme le fut, par exemple, au Hana, l'année 1899, les produits de 3,000 kilogrammes par hectare ne sont pas rares. On compte en général un rendement de 20 à 25 quintaux par hectare.

BELGIQUE

Ce n'est pas à l'aide de produits exposés que la Belgique a voulu témoigner de l'état prospère de son agriculture. Elle a surtout montré au public des cartes, des graphiques, résumant les résultats de la statistique agricole de 1895, donnant la division et la répartition des services des agronomes de l'État, des inspecteurs vétérinaires et de l'enseignement agricole.

Elle eût pu, si elle y avait tenu, nous présenter de belles céréales, des betteraves riches, des racines de chicorée de toute première qualité, etc.

La Belgique, en effet, est un pays de petite culture où le sol est, en général exploité avec tous les soins désirables par le cultivateur lui-même et sa famille. Et lorsqu'il est nécessaire de recourir à la main-d'œuvre étrangère, on la trouve en abondance et à bon marché.

Au surplus, le petit fermier belge, au courant des travaux scientifiques, pratique la culture intensive. A côté du fumier de ferme, mis dans la terre tous les deux ou trois ans, l'engrais chimique est largement employé; et il est fait un usage abondant de l'engrais vert produit en culture dérobée.

Depuis quelques années, les cultures industrielles (betterave et chicorée) se développent au détriment de celle des céréales. Ainsi, depuis vingt ans, les ensemencements de blé ont diminué de plus de 30 p. 100.

Les prairies prennent aussi plus d'extension ainsi que la culture des plantes fourragères.

La Belgique était représentée dans la Classe 39 par des échantillons de malts que présentait la COLLECTIVITÉ DES MALTERIES BELGES; ensuite, par des spécimens de pois entiers, pois décortiqués, déchets provenant de cette décortication et propres à l'alimentation du bétail, le tout exposé par M. HENSMANS de Cortenberg; enfin par des huiles et des tourteaux envoyés par M. DE BRUYN DE TERMONDE.

BULGARIE.

La Principauté bulgare est essentiellement agricole; la statistique, en effet, démontre que l'agriculture occupe 70 p. 100 de la population totale.

Les produits agricoles alimentaires importants du pays sont le blé dur, le blé tendre, le seigle, l'orge, l'épeautre, l'avoine, le maïs, le millet, les fourrages auxquels il faut ajouter le riz et le haricot.

Ces différentes cultures se répartissaient de la manière suivante en 1898 :

	hectares.		hectares.
Froment	837,965	Seigle	140,456
Maïs	494,589	Avoine	139,974
Orge	201,772	Autres céréales	48,488

La Bulgarie est un pays de petite culture. Le manque de bras y empêche le développement de grandes propriétés foncières. Chaque paysan travaille pour lui-même et se trouve content du fruit de son labeur. L'amour du travail et l'épargne sont les traits caractéristiques de la population.

La terre cultivée est en général très productive; mais le paysan bulgare, encore attardé dans des procédés de culture arriérés, prépare peu son sol et connaît à peine l'engrais. Il laisse chaque champ deux ou trois ans en jachère et, s'il ne possède pas pour ce mode d'exploitation assez de terres en culture, il s'empare de la forêt dont le terrain vierge est puissant et a naturellement un grand attrait pour lui. Cette façon de procéder n'est possible que grâce à la grande abondance de terre cultivée et à une population agraire clairsemée.

Le Gouvernement bulgare s'efforce de propager dans l'agriculture les méthodes rationnelles et de pousser à l'emploi des engrais et des machines agricoles plus perfectionnées.

Malgré l'absence presque complète de toute science agricole, la production du blé est fort importante, eu égard à l'étendue des surfaces emblavées.

Cette production s'est élevée en 1900 à près de 15 millions d'hectolitres pour une superficie de 838,000 hectares environ.

Le maïs tient aussi une grande place dans la culture de la Bulgarie; 495,000 hectares sont actuellement occupés par cette plante.

Au premier rang des légumes figure le haricot dont la production annuelle atteint 7 millions de kilogrammes.

Les produits agricoles exposés dans le pavillon de la Bulgarie avaient été groupés dans les expositions collectives classées par arrondissements et districts.

Ils consistaient en céréales diverses, blés et maïs principalement, et en haricots.

Nous devons signaler, parmi les exposants, la COLLECTIVITÉ DU DISTRICT DE HASKOVO, et un grand nombre d'autres collectivités auxquelles il a été décerné une médaille d'or.

CORÉE.

La Corée exhibait une très intéressante collection des produits végétaux de son sol. C'étaient de nombreuses variétés de riz, des céréales diverses, des tubercules dans le genre de la patate, des plantes oléagineuses comme le sésame, par exemple, des légumineuses telles que les fèves (sojà) dont les usages sont si variés en Corée, des noix, des graines de lotus, etc.

Il n'existe, pour ce pays, aucune statistique concernant la production des cultures. On ne peut en avoir une idée très approximative que par l'examen des recettes présumées, qu'elles sont censées fournir au Trésor. Mais, même dans ce cas, les rizières, plus lourdement imposées, étant confondues avec les champs occupés par les autres plantes, il est difficile d'établir une distinction.

Toutefois, il est permis d'affirmer que la superficie imposée ne s'élève qu'à 1 million d'hectares, tandis que la superficie totale du pays est évaluée à 21 millions d'hectares.

La plus grande partie des cultures est naturellement réservée au riz, base de l'alimentation indigène et dont, depuis plusieurs années, une quantité appréciable est exportée au Japon.

Il en est sorti, en 1897, à destination de ce dernier pays, 1,738,331 piculs de 60 kilogrammes.

Il a été exporté vers le Japon également:

Orge...	10,791 piculs.
Millet..	16,740
Blé..	38,350

L'avoine, cultivée plus spécialement dans le nord de la Péninsule, est recherchée par les habitants des territoires de l'Amour.

Notons encore les graines de sésame qui figurent à l'exportation pour 2,387 piculs et les fèves dont le Japon prend à la Corée environ 500,000 piculs par an.

ÉQUATEUR.

L'Équateur, grâce à sa situation géographique et à la composition de son sol, est très propre à la production du café et du cacao.

La culture de ce dernier produit, exigeant peu de main-d'œuvre, convient tout particulièrement à ce pays où les bras manquent à l'agriculture. Cet inconvénient est tel qu'en certaines années de récolte abondante il arrive que le cacao se perd faute d'ouvriers pour le cueillir et que la qualité du cacao se ressent trop souvent d'un trop long séjour sur la terre avant d'avoir été ramassé.

Néanmoins, la production a presque doublé durant ces dix dernières années.

L'exportation, en 1899, a été de 25 à 30 millions de kilogrammes.

Le prix de revient du quintal de cacao varie, d'après l'état des plantations, de 5 à 8 sucres, et le prix de vente de 25 à 30 sucres.

La production par mille arbres est de 15 à 20 quintaux.

Le cacao le plus estimé est le cacao *Arriba* qui se conserve mieux que les *Machala* et les *Balao,* dont le rendement est plus grand.

On a fait des plantations considérables, ces dix dernières années, et l'on continue de planter, c'est-à-dire que la production de cacao de l'Équateur est appelée à augmenter d'année en année; car le cacaoyer n'est vraiment en plein rapport que vers sa douzième année.

La quantité de café que produit l'Équateur est aussi fort appréciable. Il est exporté annuellement 2,500,000 kilogrammes de ce produit.

Parmi les exposants de l'Équateur, nous ne citerons que ceux qui ont obtenu la plus haute récompense, à savoir : le GOUVERNEMENT DE L'ÉQUATEUR, la SOCIÉTÉ PHILANTHROPIQUE D'ARTS ET MÉTIERS, Mmes DE TORRÈS CAÏCEDO et DE REUDON, MM. CAAMANO, JYON et Cⁱᵉ, ASPIAZU, MORLA et TOBAR.

ÉTATS-UNIS.

Le fait dominant, celui qui s'impose obstinément à l'esprit dès qu'on est amené à parler de l'agriculture des États-Unis, c'est l'effrayante production en blé de ce pays dont l'existence date à peine de cent ans et qui, depuis longtemps déjà, est le principal fournisseur des marchés européens.

Le blé. — Son exposition agricole, à la Galerie des machines, n'est pas venue modifier notre état d'esprit. Bien au contraire; car la vue de cette longue suite de vitrines sévères, la plupart remplies d'innombrables échantillons de blés de toutes espèces et de toutes origines (blés rouges, blés blancs, blés à longs grains, blés à courts grains), n'a fait que rendre plus vivante encore, en chacun de nous, la notion de la prodigieuse productivité de cette immense région, 17 fois grande comme la France et dont le quinzième à peine de l'étendue totale est soumis à un régime cultural régulier.

On avait pourtant, dans cette vaste exhibition des États-Unis, réservé une grande place aussi au maïs, qui est la principale céréale du pays; on l'avait même présenté sous bien des formes. Mais ces collections si complètes d'épis énormes, ces farines, ces tourteaux, ces huiles, ces pâtes, ces poupées habillées avec des feuilles sèches du maïs excitaient la curiosité sans laisser dans l'esprit d'autre préoccupation.

C'est donc la question du blé que nous passerons d'abord et surtout en revue dans l'examen que nous faisons des différentes cultures du Nouveau Monde.

La production de cette céréale a plus que sextuplé en soixante ans. En 1840, elle était de 30 millions d'hectolitres et s'élevait, en 1899, à 190 millions d'hectolitres. Quant à l'exportation, elle atteignait à peine quelques millions d'hectolitres en 1840, alors qu'elle dépassait 50 millions d'hectolitres en 1899.

Cette formidable progression est due à un accroissement considérable de l'étendue des terres cultivées coïncidant avec l'augmentation continue de la population, plutôt qu'à une perfection plus grande dans les méthodes culturales. Car les Américains en sont encore à la culture extensive. Leur sol vierge, riche d'une longue accumulation de détritus végétaux, n'exige aucun engrais et peut produire, avec les seules façons données à la terre, 10 à 12 hectolitres de blé à l'hectare. C'est grâce à de telles conditions que, malgré ce faible rendement, le prix de revient est encore fort inférieur au nôtre.

Ainsi il semble y avoir progression incessante dans le chiffre de la population, dans l'étendue des terrains cultivés et dans le montant de l'exportation. Conséquemment, si l'on considère que la quantité d'hectares qu'il reste à exploiter est encore très considérable, on peut se rendre compte que les Américains, même s'ils s'en tenaient à la seule culture extensive, deviendraient des concurrents de plus en plus redoutables pour la vieille Europe.

Or ils ne songent nullement à se contenter d'exploiter leur sol comme ils l'ont fait, en général, jusqu'à présent. Ils se préoccupent, depuis plusieurs années déjà, d'introduire, dans les méthodes de culture, les découvertes de la science. Et un jour viendra où, donnant le pas à l'agriculture scientifique sur la culture extensive, ils seront à même de doubler leur production en blé,

Comme il est présumable que l'augmentation du rendement amènera, comme chez nous, un abaissement du prix de revient, le cultivateur des États-Unis pourra alors nous offrir des blés à des prix plus bas encore que ceux d'aujourd'hui.

Il y a donc là une situation qui mérite de retenir l'attention de tous les pays d'Europe, producteurs de blé. La nécessité s'impose de travailler à obtenir des rendements plus élevés.

Pour ce qui concerne la France, il semblerait, au premier abord, que peu d'efforts restent à faire dans ce sens, puisque déjà la production suffit presque à la consommation. Mais c'est là une illusion. Car, de ce que la France est à la veille de se suffire à elle-même, il ne s'ensuit pas qu'il est pour ainsi dire inutile de chercher à augmenter le rendement de la terre. En élevant, au contraire, à son plus haut degré la productivité du sol, nos ressources dépasseront nos besoins et nous deviendrons à notre tour exportateurs, ou bien nous pourrons diminuer l'étendue des surfaces cultivées et donner une autre destination aux terres devenues disponibles.

C'est surtout sur le choix des semences que les Américains portent leurs efforts, en vue du rendement et de la qualité du grain.

On sait qu'il existe, au Département de l'agriculture, à Washington, un très important service, « la Direction des semences », qui a pour objet l'achat et la distribution des grains destinés aux semailles.

L'État a jugé qu'il y a un intérêt majeur à venir en aide à l'agriculture par la distribution de semences de choix appropriées à la région où on les envoie et dont les qualités au triple point de vue de la germination, du rendement et de la nature du produit ont été constatées.

Un crédit annuel, dépassant 500,000 francs, est consacré au fonctionnement de ce service.

Pour terminer ce court aperçu sur l'agriculture des États-Unis, nous donnons quelques renseignements sur la production et l'exportation des principales céréales durant les dix dernières années.

Statistique. — La production du blé oscille entre 150 millions et 200 millions d'hectolitres, et l'exportation de cette céréale entre 50 millions et 58 millions d'hectolitres.

La production du maïs varie entre 440 millions et 820 millions d'hectolitres, et l'exportation, après être descendue en 1895 à 10 millions d'hectolitres, s'élevait en 1898 à 75 millions d'hectolitres.

L'avoine a fourni 220 millions d'hectolitres en 1894, 296 millions en 1895 et 280 millions en 1899. Il en a été exporté, durant la dernière décade, quelquefois moins de 1 million d'hectolitres et parfois plus de 20 millions d'hectolitres.

L'orge produite, qui est de 30 millions d'hectolitres environ, ne donne lieu qu'à un courant d'exportation peu important.

La production du seigle est peu considérable.

Il reste à signaler le riz dont la production totale s'est élevée, en 1899, à 62,000 tonnes environ.

Au nombre des exposants des États-Unis, signalons le MINISTÈRE DE L'AGRICULTURE DE WASHINGTON (SECTION D'AGROSTOLOGIE ET SECTION DE PHYSIOLOGIE ET DE PATHOLOGIE), l'ÉTAT DE CALIFORNIE, l'EXPOSITION DE BLÉ DE PÉORIA, la FERME D'EXPÉRIENCE DE L'OREGON RAILWAY AND NAVIGATION COMPANY, le COMMERCIAL CLUB COMPANY, M. DICKENSON, à Topeca.

ESPAGNE.

L'Espagne exposait de nombreux échantillons d'huiles d'olive, des céréales et spécimens de ces fameux pois chiches que les Espagnols font entrer dans quelques-uns de leurs mets favoris.

Les huiles d'olive, dont la fabrication était restée fort arriérée jusque dans ces dernières années, sont aujourd'hui, dans leur préparation, l'objet de beaucoup plus de soins. La plupart de celles que nous présentait l'Espagne étaient limpides, pures et d'une bonne odeur.

Parmi les 170 exposants qui figuraient dans la Classe des produits alimentaires, plus de 30 d'entre eux seraient à signaler. Nous citerons spécialement MM. Lacave, de Séville; de Acapulco, de Martoz Caseria; de Cabra et de Véga. M. Porcar y Tio exposait, hors concours, de belles olives et des échantillons d'huiles remarquables.

GRANDE-BRETAGNE.

La Grande-Bretagne, proprement dite, devient de plus en plus un pays d'élevage. Sur les 19,307,347 hectares en culture, 851,397 seulement sont consacrés au blé.

La production de cette céréale oscille autour de 20 millions d'hectolitres. Elle est naturellement fort insuffisante pour les besoins de la consommation. Le chiffre de l'importation atteint, en effet, 65 millions d'hectolitres par an.

Bien que le rendement à l'hectare soit de 26 hectolitres en moyenne, la décadence de la culture du blé ne fait que s'accentuer. Cela tient surtout à l'avilissement des cours, la culture n'étant protégée par aucun droit de douane.

Il y a fort peu de choses à dire des produits agricoles alimentaires récoltés en Angleterre même.

A côté de quelques types de céréales exposés par la Société royale d'agriculture, figuraient des échantillons de blé, provenant des champs d'expérience des célèbres agronomes MM. Lawes et Gilbert, qui les avaient prélevés dans des parcelles fumées avec du fumier de ferme, des parcelles sans engrais, avec engrais minéraux seuls, engrais minéraux additionnés de sels ammoniacaux à diverses doses, additionnés enfin de nitrate de soude. MM. Lawes et Gilbert nous montraient aussi les résultats obtenus, à l'aide d'engrais, dans des terres soumises à un assolement de quatre ans : turneps, orge, trèfle, blé.

Mais si la Grande-Bretagne, en tant que métropole, n'avait qu'un rang effacé dans la Section des produits agricoles, par contre quelques-unes de ses colonies, notamment le Canada et l'île de Ceylan, y tenaient une place exceptionnelle.

CANADA.

Par la disposition ingénieuse de ses produits, par leur abondance et leur variété, l'exposition du Canada, qui se trouvait dans un pavillon spécial, passait à juste titre pour une des plus remarquables. Et c'était l'agriculture qui avait la plus large part dans cet ensemble harmonieux du plus gracieux effet.

Au rez-de-chaussée, on voyait, arrangées avec goût, de nombreuses gerbes de céréales de toutes espèces : blé, seigle, orge et avoine; puis, de grandes caisses ouvertes remplies de blé à grain rouge, légèrement glacé, et à côté, une collection de miels et de sucre d'érable, produit assez spécial que les Canadiens retirent des érables, en pratiquant une saignée au pied de ces arbres. La sève, ensuite évaporée, donne un sirop très sucré ou même un véritable sucre cristallisé qui est consommé dans les ménages.

Dans les galeries du premier étage, se trouvait une autre superbe collection de produits agricoles. Blés, avoines, orges, maïs se présentaient en abondance sous forme de javelles, de bouquets, d'épis, de grains, etc.; des sacs de fèves, de pois, de tournesol, etc., témoignaient de la variété des plantes destinées à fournir une abondante nourriture aux animaux.

Une graminée recherchée des cultivateurs canadiens figurait dans cette exhibition : c'est la *fléole*, dont les qualités la font préférer à tout autre fourrage pour la nourriture des chevaux.

Outre ces produits de la culture ordinaire, quelques fermes modèles, notamment celle d'Ottawa, exposaient les résultats excellents obtenus dans leurs recherches sur les variétés de céréales et leur degré d'acclimatation.

Des tableaux à l'huile et des photographies représentant les aspects si variés de l'agriculture canadienne complétaient cet ensemble.

En résumé, l'exposition du Canada atteste l'état avancé de l'agriculture de ce pays qui, il ne faut pas l'oublier, est une ancienne terre française. Aussi, tout en admirant les remarquables progrès faits par le peuple canadien dans les choses agricoles, éprouvons-nous un sentiment de regret, mêlé d'orgueil, il est vrai, en songeant que ce peuple n'est plus français que par son origine.

CEYLAN

Ceylan avait aussi une fort belle exposition. Le thé y tenait une grande place. Aussi bien la culture de ce produit prend-elle dans l'île une extension de plus en plus considérable, depuis l'apparition d'un champignon qui a presque complètement détruit les plantations de café ceylanaises.

En 1867, on ne comptait sur le territoire du Ceylan que 10 acres cultivés en thé; en 1880, à peine 10,000 acres et, en 1898, cette culture s'étendait sur 364,000 acres.

L'exportation qui, en 1880, n'était que de 114,485 livres, atteignait 129,894,156 livres en 1899.

Cette création d'une nouvelle source de prospérité est due aux efforts persévérants de l'Association des planteurs qui non seulement s'occupe de la production, mais aussi de la vente du produit.

Et Ceylan nous est un exemple frappant des résultats extraordinaires que l'on peut obtenir à l'aide d'une réclame habile et persévérante pour lancer à travers le monde un produit nouveau.

La principale culture ceylanaise n'est pas celle du thé, c'est celle du cocotier, pratiquée surtout par les indigènes. Elle était représentée à l'Exposition par de l'huile, des tourteaux, des cocos desséchés, etc. L'exportation de ces divers produits atteint annuellement une valeur de 2 millions de roupies.

Une autre possession anglaise, l'Australie, exposait à côté du Canada entre autres produits, de très beaux échantillons de blés à grains blancs très gros, qu'elle commence à exporter sur le vieux continent.

Les exposants les plus remarqués de la Grande-Bretagne ont été le MINISTÈRE DE L'AGRICULTURE DU CANADA, le GOUVERNEMENT DE MANITOBA, le GOUVERNEMENT DE LA NOUVELLE-ÉCOSSE, le GOUVERNEMENT DE ONTARIO, l'EXPOSITION COLLECTIVE DE LA PROVINCE DE QUÉBEC, la WESTERN AUSTRALIA COMMISSION, LIPTON LIMITED.

GRÈCE.

L'exposition de la section hellénique dans la Classe 39 comprenait surtout des céréales et de l'huile d'olive présentées par une trentaine d'exposants sur lesquels nous regrettons de ne posséder que des renseignements fort vagues.

Nous avons principalement remarqué les spécimens de céréales et les riz exposés par M. ZOGRAPHOS, qui est à la tête d'une exploitation de 5,000 hectares et qui récolte de ce dernier produit environ 700,000 kilogrammes par an.

GUATÉMALA.

C'est par quelques échantillons de céréales et de nombreux spécimens de cacaos et de cafés surtout que le Guatémala était représenté dans la classe des produits agricoles alimentaires.

Les cafés exhibés avaient été prélevés sur plus de quatre cents plantations différentes.

Les cafés de Guatémala sont remarquables par leurs qualités de finesse et d'arome. Et, malgré des différences apparentes dans la grosseur des grains, dans leur couleur et leur aspect, ces qualités se retrouvent à des degrés divers dans toutes les variétés. Cela tient à la nature du sol, aux soins donnés à la culture et surtout aux perfectionnements apportés depuis une dizaine d'années dans la manière de récolter, de conserver et d'exporter le café.

Parmi les nombreux exposants qui ont attiré l'attention du Jury, nous citerons : le MINISTÈRE DES TRAVAUX PUBLICS, pour sa belle exposition collective de produits agricoles divers; M. ESTRADA CABRERA, pour ses cafés en grains; M. YURRITA FELIPE.

Vingt autres expositions, individuelles ou collectives, ont été jugées dignes de la médaille d'or.

HONGRIE.

Jusqu'au milieu du siècle dernier, l'agriculture, branche principale de la production nationale en Hongrie, suffisait juste aux besoins de la consommation intérieure, et l'élevage y tenait une grande place. Mais l'affranchissement du sol, le régime de l'indé-

pendance politique et la multiplication des moyens de transport ont changé les conditions économiques du pays; et, aujourd'hui, la Hongrie est devenue un des «greniers
de l'Europe».

Toutefois, la révolution qui s'accomplit dans l'agriculture générale force la Hongrie
à revenir à l'élevage du bétail, à accorder une plus grande attention aux fourrages
et aux plantes commerciales, à varier la production, à perfectionner les procédés de
culture et, enfin, à développer les usines agricoles.

Étendue des cultures. — La Hongrie, avec les pays annexes, couvre une superficie
totale de 31,333,220 hectares, dont 95.24 p. 100 de terres arables et 4.76 p. 100
de terres incultes. Cette superficie se répartit comme suit :

DÉSIGNATION.	HONGRIE.		CROATIE-SLAVONIE.	
	CHIFFRES ABSOLUS.	P. 100.	CHIFFRES ABSOLUS.	P. 100.
	hectares.		hectares.	
Champs............................	12,030,114	42.81	1,364,591	32.26
Jardins............................	375,730	1.34	55,204	1.31
Prairies............................	2,864,732	10.19	445,122	10.52
Vignes............................	281,298	1.00	50,453	1.20
Pâturages.........................	3,660,837	13.03	593,494	14.03
Forêts............................	7,775,464	26.60	1,511,779	35.74
Jonc..............................	80,844	0.28	3,207	0.08
Inculte............................	1,335,723	4.75	205,628	4.86
TOTAUX..............	28,103,742	100.00	4,229,478	100.00

A l'égard de l'étendue des propriétés on distingue les *latifundia,* ou propriétés de
plus de 5,700 hectares, les grandes propriétés, les propriétés moyennes, les petites
propriétés et les parcelles.

Les grandes propriétés et les moyennes sont généralement d'un seul tenant, tandis
que les petites propriétés sont, la plupart du temps, disséminées sur le territoire des
communes respectives, ce qui entrave l'exploitation perfectionnée. Il y a des communes
dont le territoire couvre 6, 8, 10, 14 et même 17 milles géographiques carrés. Ici
les cultivateurs passent l'été sur les fermes isolées, mais pendant l'hiver ils restent dans
la commune, abandonnant le sol aux soins des valets, régime peu avantageux.

A l'égard des ouvriers, la situation est bonne. Le peuple est épris de l'agriculture
et le seul désir caressé par l'ouvrier, c'est celui d'avoir un petit lopin à lui. Aussi l'agriculture occupe-t-elle les 76.4 p. 100 de la population du pays. Les ouvriers ruraux
sont donc assez nombreux, mais ils ne sont pas toujours bien répartis; aussi a-t-on eu
recours tantôt à la colonisation, tantôt au système des ouvriers ambulants. On emploie
donc des ouvriers engagés à l'année, à la saison (moisson, battage, labourage) ou au
mois, des journaliers et enfin des ouvriers qui reçoivent une partie du produit.

Le gros du travail est fait par les ouvriers au mois; puis on engage des équipes spéciales pour le labourage, la moisson, le battage. Pour les plantes labourées à la bêche, on a les ouvriers auxquels on donne une quote-part des produits.

La situation des ouvriers n'est pas défavorable, et si on constate, par ci par là, des signes de misère, il faut les attribuer aux conditions locales. Le manque de travail en hiver, l'excès de population de certaines régions, les ravages du phylloxéra : voilà les causes de l'émigration; mais elles sont combattues par la propagation des cultures intensives, le développement de l'industrie et par les colonisations qui tendent à une répartition rationnelle de la population dans les diverses régions du pays.

La production augmente rapidement; les vastes travaux d'endiguement et de régularisation de cours d'eau ont rendu à la culture près de 10 p. 100 des terres arables; les desséchements, drainages et irrigations ont fertilisé de vastes étendues, autrefois incultes.

Le régime des assolements a été perfectionné et conformé aux conditions physiques et économiques des diverses régions; mais dans beaucoup de communes les petits propriétaires sont encore forcés de maintenir l'ancien assolement. Dans la grande plaine (entre le Danube et la Tisza), on fait alterner le froment avec le maïs; dans la petite plaine (sur le Haut-Danube, dans l'Ouest), on donne trois années de céréales après une année de jachère.

L'amélioration de l'outillage est constante. L'ancienne charrue a été supplantée par la charrue Vidats et celle-ci par la charrue Sack; les herses et les rouleaux se perfectionnent, et sur les grandes propriétés c'est la charrue à vapeur qui fait son chemin. La culture plus soignée du sol comporte aussi l'emploi de plus en plus fréquent des engrais; dans beaucoup de propriétés, on emploie le fumier sur 25, 20 et 16 p. 100 des terres, et fort souvent les engrais chimiques.

Il y a bien encore des régions où les jachères occupent les 28 à 25 p. 100 des champs, mais il est incontestable que l'exploitation rurale a fait de grands progrès qui s'accusent surtout dans la réduction progressive des jachères, l'augmentation constante de l'aréal ensemencé et les résultats accrus de la production.

D'après les données statistiques recueillies, il y a eu, en 1898, dans les pays de la Couronne hongroise, 11,300,195 hectares de champs moissonnés (10,068,618 hectares en Hongrie et 1,231,577 hectares en Croatie-Slavonie); les dégâts élémentaires ont détruit les récoltes de 372,958 hectares, les jachères ont occupé 1,043,573 hectares, ce qui fait au total 13,316,726 hectares de terres arables.

Céréales. — Le principal produit, le froment, joue, en raison de ses excellentes qualités, un rôle de premier ordre non seulement dans la production et dans la consommation intérieure, mais encore dans l'industrie nationale et dans le commerce extérieur. Les conditions du sol et du climat sont favorables à la production des grains lourds.

En 1898, on a récolté du froment sur 3,170,892 hectares (28.45 p. 100 de l'aréal total des récoltes). La production varie de 37 à 43 millions de quintaux métriques, soit 12 à 14 quintaux métriques par hectare en moyenne. L'exportation dépassa 15 millions d'hectolitres.

Après le froment vient le maïs, que l'on cultive surtout dans le sud-est du pays, ainsi qu'en Croatie-Slavonie; il a occupé, en 1898, les 22.5 p. 100 de l'aréal total de la récolte, soit 2,505,800 hectares et a fourni 37,645,613 quintaux métriques. Les récoltes varient entre 30 et 42 millions de quintaux métriques par an.

La production de l'orge est également importante, car elle fournit dans plusieurs régions du pays une excellente orge de brasserie, objet d'un assez grand commerce d'exportation. En 1898, on a produit de l'orge d'été sur 919,848 hectares (8.26 p. 100 de l'aréal total). La production varie de 10 à 12 millions de quintaux métriques, soit 11 à 13 quintaux métriques par hectare.

Le seigle et l'avoine sont cultivés sur 1 million d'hectares environ, et produisent annuellement 10 à 14 millions de quintaux métriques.

Les pois, les lentilles et les haricots occupent 100,000 hectares environ. La production totale s'élève approximativement à 2,500,000 quintaux métriques. Les haricots constituent un important article d'exportation.

La pomme de terre, base d'une florissante industrie des alcools et de l'amidon, est cultivée sur 550,000 hectares; elle fournit annuellement 40 millions de quintaux métriques de tubercules.

860,000 hectares environ sont consacrés aux plantes fourragères (luzerne, trèfle, sainfoin, vesce, etc.) qui fournissent 30 millions de quintaux métriques. L'augmentation constante de l'effectif du bétail exige l'extension de cette culture.

La mise en valeur des produits a subi une grande transformation : l'exportation des produits bruts a baissé; par contre, ces produits sont exportés en quantités de plus en plus notables sous forme de farine.

Betterave. — Depuis dix ans, la culture de la betterave et la fabrication du sucre ont pris en Hongrie un essor très grand : tandis qu'en 1888-1889 la quantité de betteraves travaillées n'était que de 3,896,881 quintaux et celle du sucre produit de 495,262 quintaux, l'année 1897-1898 accuse 12,944,984 quintaux de betteraves travaillées avec un rendement de 2,030,455 quintaux de sucre, c'est-à-dire le quadruple. L'année 1898-1899 marque un nouveau progrès avec une production de plus de 16 millions de quintaux de betteraves.

Le résultat de cette augmentation de la production se traduisit aussitôt par une diminution importante des importations en sucre et par l'accroissement continu des exportations de sucre hongrois. Ainsi, en 1897-1898, cette exportation a atteint 4,916,085 quintaux.

L'étendue consacrée à la betterave serait de près de 75,000 hectares, et il est à remarquer que la majorité des fournisseurs des sucreries sont de petits agriculteurs. C'est surtout dans la région du Danube que cette culture est développée.

Nul doute que la culture betteravière ne s'étende encore en Hongrie. Cette région, en effet, était, jusqu'à ces toutes dernières années, et elle est encore, sur bien des points, un pays neuf, dont la richesse du sol n'a pu être mise en valeur qu'au fur et à mesure du développement des voies de communication.

Bien des régions se transforment et peuvent maintenant utiliser, pour des produits d'exportation au loin, leurs riches terrains d'alluvions et leurs terres noires.

L'exposition hongroise comprenait des céréales en gerbes et en grains, des pommes de terre, des plantes fourragères, des betteraves, etc., voire même de l'huile de genièvre.

De grandes exploitations y tenaient une place considérable. Ce sont les domaines du HARAS DE L'ÉTAT, de S. A. I. et R. l'archiduc FRÉDÉRIC, de S. A. I. et R. l'archiduc JOSEPH.

Parmi les autres exposants qui se signalaient à l'attention des visiteurs, citons : la SOCIÉTÉ COOPÉRATIVE DES AGRICULTEURS HONGROIS, MM. E. DE MIKLOS, le comte DE TELEKI et le baron DE KAPUVAR.

ITALIE.

L'Italie renferme plusieurs zones d'une fertilité merveilleuse; mais les procédés de culture sont encore très arriérés en bien des provinces. En revanche, l'utilisation du sol est complète, ingénieuse, si l'on en juge par les plus récentes statistiques. Le sol improductif ne représente que 13 p. 100 de la superficie totale; les champs cultivés occupent au contraire 36 p. 100 du territoire.

La répartition des cultures est très variable, puisque du sud de la Sicile aux Alpes italiennes s'échelonnent toute une série de climats et que, d'autre part, les contrastes de la qualité géologique des terres, de leur altitude sont tout aussi saisissants d'une province à l'autre.

Céréales. — L'Italie est un des pays d'Europe les plus riches en cultures alimentaires et particulièrement en céréales. Les terres arables y occupent une superficie de plus de 7,500,000 hectares, soit 26 p. 100 de l'ensemble du pays. Blé, maïs, seigle, orge et riz rencontrent dans un grand nombre de provinces des conditions favorables.

Au froment sont consacrés plus de 4,500,000 hectares produisant en moyenne 45 millions d'hectolitres. Le maïs est la céréale caractéristique de la vallée du Pô où il contribue pour beaucoup à la nourriture du peuple des campagnes, soit en pain, soit en bouillie ou polenta. La récolte est de près de 30 millions d'hectolitres. Le riz trouve dans les régions basses et chaudes de la vallée du Pô, en Lombardie et en Vénétie, des champs propices; les rizières ont produit, certaines années, près de 10 millions d'hectolitres. Mais les rizières italiennes ont à redouter la concurrence des rizières asiatiques.

La récolte des céréales vaut, année moyenne, 1,500,000,000 de francs.

Les cultures maraîchères sont l'objet des soins les plus intelligents et ajoutent un appoint considérable à l'alimentation du peuple italien.

Betterave. — Une rénovation agricole et industrielle est en voie de s'accomplir en Italie depuis plusieurs années, grâce au développement que prend la culture de la betterave dans ce pays. Non seulement cette culture se pratique d'une façon rationnelle, mais la fabrication du sucre se fait à l'aide des appareils et des procédés en usage dans les régions les plus avancées sous ce rapport. Tous les visiteurs reviennent émerveillés de la perfection qui se rencontre dans l'outillage et de la beauté des produits obtenus.

Olivier. — La culture de l'olivier est une des mieux appropriées au sol et au climat du centre et du sud de la péninsule; elle fut, dans l'antiquité, une des richesses du pays. Plus d'un million d'hectares sont plantés en oliviers. A cet égard aussi les progrès ont été rapides depuis vingt ans. Les centres de production sont les provinces napolitaines, la Sicile, le Piémont et la Toscane; de l'Italie méridionale provient la plus grande partie des 2 millions et demi d'hectolitres que fournit la péninsule; mais le Piémont et la Toscane travaillent mieux les olives que les provinces du sud.

L'Italie traverse en ce moment une crise en ce qui concerne la production de l'huile d'olive. Voici, à ce sujet, les informations alarmantes publiées par la presse spéciale italienne :

Les nouvelles qui parviennent des diverses régions d'Italie où l'olivier est cultivé sont très peu satisfaisantes.

Depuis plusieurs années déjà, la récolte de l'olive est en décroissance et la situation est d'autant plus grave que la qualité de l'huile devient de plus en plus inférieure, à mesure que la quantité diminue.

La production tend, en effet, chaque année à diminuer et celle de 1899 atteint à peine 920,000 hectolitres, c'est-à-dire un tiers environ de la récolte normale.

Le Latium est la contrée qui a éprouvé la diminution la plus sensible durant les quatre dernières années, de 1896 à 1899. En effet, pendant cette période, la récolte a été à peine la moitié de celle des six années précédentes (1890 à 1895). La cause principale d'un tel déficit est due à un parasite de l'olive : le *cyclocanium oleaginum.*

Viennent ensuite par rang de décroissance : la Ligurie, la région adriatique, la Sardaigne et enfin la Toscane.

Pour ces régions, le mal doit être attribué, d'un côté, à la mouche de l'olive et, d'autre part, à la sécheresse persistante du printemps. Ces deux fléaux ont, en effet, sévi avec le maximum d'intensité dans la région méridionale durant les dernières campagnes 1898-1899 et 1899-1900.

Ces années ont eu un hiver très doux et une sécheresse persistante au printemps, ce qui a occasionné une énorme invasion de la mouche oléaire.

Comme on le voit, la situation est loin de s'améliorer en Italie.

Les oléiculteurs algériens ont donc grand intérêt à soigner leurs oliviers, d'abord pour les préserver du fléau qui règne en Italie, et ensuite pour obtenir de l'huile aussi parfaite que possible, afin de retenir définitivement la clientèle que la nécessité a accrue.

L'Italie ne laissait rien paraître, à l'Exposition, de la crise qu'elle traverse, car parmi les échantillons de produits divers qu'elle présentait ceux d'huile d'olive étaient de

7.

beaucoup les plus nombreux. Elle exhibait ensuite des spécimens de céréales et des légumes secs.

Les expositions les plus dignes d'attention étaient celles du Ministère de l'Agriculture, de l'Industrie et du Commerce, de MM. Otoni, Agostini Venerosi, Ferramno et Cᵉ, Francesconi.

JAPON.

Le Gouvernement de Hokkaïdo, dans l'île d'Yéso, avait envoyé une belle collection des principales céréales du pays. Les produits exposés ont été fort remarqués et ont valu à l'exposant la plus haute récompense.

Citons encore l'exposition de M. Mitsin qui exhibait des spécimens de riz à l'état brut et à l'état blanchi.

LIBÉRIA.

Cette originale petite république nègre avait tenu aussi à avoir sa place dans notre grande Exposition. Sa prétention du reste était justifiée, car les produits envoyés et qui consistaient surtout en cafés, riz, maïs, blé, graines oléagineuses, faisaient bonne figure parmi ceux des autres pays.

Les échantillons les plus remarquables appartenaient à M. Porter et à la Collectivité de semences de Moronvia.

On sait que le caféier de Libéria, qui pousse spontanément dans les forêts de la région, est resté, jusqu'à ce jour, à l'abri des maladies qui détruisent les plantations dans divers pays. C'est pourquoi certains planteurs le recherchent pour le greffage. Ce caféier atteint dans son pays d'origine 12 à 13 mètres de hauteur.

Les autres produits de la région sont le maïs, le cacao, la pomme de terre, le riz, les haricots, etc.

MEXIQUE.

Les exposants du Mexique étaient très nombreux. Leur nombre dépassait 350. Aussi toutes les cultures si variées du pays étaient-elles représentées dans la section mexicaine : blé, riz, maïs, pois, haricots, cafés, arachides, pommes de terre, témoignaient de la richesse agricole de la région.

Il eût été intéressant de donner quelques détails sur la situation et l'avenir de l'agriculture du Mexique. Malheureusement, aucun document ne nous a été fourni à cet égard. Nous ne pouvons donc que signaler les expositions qui nous ont paru avoir le plus de mérite.

Ce sont celles du Gouvernement de l'État de Chiapas, du Secrétariat de Fomento, du Gouvernement de Tépic, du Gouvernement de la Vera-Cruz, du Gouvernement de l'État de Guerrero, de la Société agricole mexicaine, de MM. Vogel Arnoldo, Rozas Justo, don Juan Bautista.

NICARAGUA.

La petite république du Nicaragua est, comme le Guatémala, un pays où l'on cultive le cacao et surtout le café.

Le café du Nicaragua ne commence guère à donner qu'au bout de la troisième année dans les plantations de l'intérieur et, dans les régions plus basses, il n'entre en production que vers la cinquième année. La plantation dure en moyenne de quarante à cinquante ans.

Les parties du pays les plus favorables à la culture du café sont les terrains assez élevés. D'ailleurs, le rendement varie suivant l'altitude. Entre 50 et 500 mètres les arbres produisent de 250 à 500 grammes par pied. Au-dessus de 500 mètres jusqu'à 1,000 mètres la production oscille entre 500 grammes et 3 kilogrammes. Mais à partir de 1,000 mètres le rendement diminue progressivement jusqu'à à la stérilité complète.

Il existe des plantations sur le versant du Pacifique, ainsi que sur celui de la mer des Antilles. Mais le sol vierge et le climat plus tempéré de ce dernier versant le rendent plus propre à cette riche culture que le versant du Pacifique. Aussi est-il choisi de préférence par les colons étrangers qui viennent s'établir au Nicaragua. Les Allemands, par exemple, y sont nombreux.

En l'absence de statistiques officielles complètes, M. Désiré Pector, consul général en France du Nicaragua, estime, d'après ses calculs personnels et les renseignements qu'il a pu recueillir, que le Nicaragua peut compter 50 millions de caféiers actuellement plantés, et il évalue la production réelle à 20 ou 25 millions de kilogrammes par an.

En comptant les 5 millions de kilogrammes nécessaires à la consommation, il resterait pour l'exportation 15 à 20 millions de kilogrammes.

En Europe, c'est surtout sur Hambourg que sont dirigés les cafés du Nicaragua.

Les exposants les plus remarquables de ce pays étaient le Gouvernement de Guatémala, le Gouvernement de Nicaragua, MM. Zelaya et Barillas.

PAYS-BAS.

Les Pays-Bas n'avaient que quelques exposants dans la Classe 39. L'un, MM. Wessanen et Laan, présentait des échantillons d'huile et tourteaux de lin et de colza qui lui a valu un grand prix; un autre, M. Kamphuys, qui avait exposé du riz décortiqué et en semoule, a été jugé digne de la médaille d'or; enfin un troisième, la Fabrique néerlandaise de levure et d'alcool de Delft, exhibait des drêches séchées.

PÉROU.

Le Pérou figurait dans la section des produits alimentaires d'origine végétale avec quelques spécimens de cacaos, des céréales, du riz, du maïs, des haricots, etc., et de nombreux échantillons de cafés.

Ne possédant aucun renseignement particulier sur ce pays, nous nous contenterons de rappeler que les expositions les plus remarquées ont été celles de l'INSTITUT TECHNIQUE ET INDUSTRIEL DU PÉROU, de M. AREVALO, de la province de San Martin, et de M. ALEGRIA THÉODORO.

PORTUGAL.

Aucun pays n'avait un nombre d'exposants aussi considérable que le Portugal. On en comptait plus de 550. Il est vrai que les colonies portugaises fournissaient à ce total un appoint important.

Parmi les nombreux produits exposés figuraient surtout des huiles d'olive, des cafés et des cacaos, des échantillons de céréales et des légumes secs en abondance. On sait que les Portugais, comme leurs voisins, consomment une grande quantité de pois et de haricots; aussi les cultures maraîchères, surtout aux environs des villes et dans le voisinage des agglomérations rurales, occupent-elles de vastes espaces.

La culture de l'olivier tient aussi une grande place dans l'agriculture portugaise. De grandes surfaces sont consacrées à cette culture, surtout dans la province de l'Estrémadure.

Il va sans dire que les cafés et les cacaos présentés étaient des produits coloniaux.

Le café le plus remarquable provenait de l'île de San Thomé. Il a du reste été hautement apprécié par le Jury dans la personne de M. SANTIAGO MANOEL qui en produit annuellement 37,000 kilogrammes environ. Ce même exposant avait envoyé du cacao, également récolté à San Thomé. Sa propriété en fournit plus de 200,000 kilogrammes par an.

M. Henrique DE MENDONÇA présentait des échantillons de cacao, provenant de la même île, où ce produit constitue d'ailleurs le principal élément de prospérité de la région. M. de Mendonça a récolté, l'an dernier, près de 700,000 kilogrammes de cacao.

Les huiles d'olive qui ont le plus attiré l'attention, dans l'exposition du Portugal, étaient celles qu'exhibaient MM. GALACHE, Oliveira DIOGO-URBANA et Manuel VEIGA.

ROUMANIE.

Le territoire du royaume de Roumanie occupe une superficie de 13,135,300 hectares, avec une population de 6 millions d'habitants.

Limitée par la Hongrie à l'ouest et par la Russie à l'est, la Roumanie fait partie de la grande région de l'Europe orientale, où la production des céréales constitue la caractéristique de l'agriculture.

Céréales. — Comme ses deux voisines, la Roumanie produit beaucoup plus de céréales qu'il n'en faut pour satisfaire les nécessités de la consommation locale; le surplus est destiné à l'exportation.

D'une statistique officielle concernant l'étendue des cultures faites pendant l'automne de 1899 et le printemps de 1900, il résulte que la surface totale cultivée en Roumanie a été de 5,594,854 hectares. La plus grande partie, soit 2,025,058 hectares, a été employée par le maïs, tandis que les cinq années précédentes cette culture n'avait occupé qu'une étendue moyenne de 1,530,652 hectares.

La culture du blé, qui durant le même temps a été faite sur une superficie moyenne de 1,530,652 hectares, a occupé, en 1899-1900, une étendue de 1,589,980 hectares. La culture du colza a passé de 47,156 hectares à 248,434, et celle du millet de 89,645 hectares à 166,625.

En ce qui concerne les autres céréales, la culture de l'année agricole courante, par rapport à la moyenne des cinq années précédentes, a diminué : pour le seigle de 213,830 hectares à 164,299, pour l'orge de 625,218 hectares à 439,735 et pour l'avoine de 291,338 hectares à 259,831.

La culture du chanvre a occupé cette année 5,390 hectares, et celle du lin 13,240 hectares. La culture de la betterave sucrière qui, en 1897, a eu une étendue de 2,840 hectares, et en 1898 et 1899, de 6,070 et 6,170 hectares, s'est élevée cette année à 12,392 hectares, c'est-à-dire qu'elle occupe une superficie double. Cette culture est du reste l'objet de grands encouragements du côté des pouvoirs publics.

Par ordre d'importance, en ce qui concerne l'étendue cultivée, le maïs occupe le premier rang; le blé vient après et, en troisième lieu, l'orge.

Méthodes culturales. — Tous les systèmes de culture usités en Roumanie appartiennent à la culture extensive dans la plus large acception du mot. Les circonstances générales économiques et sociales font que le sol est le principal facteur de la production, et, dans ces conditions, on cherche à l'exploiter avec le minimum possible de travail et de capital.

Si le pays a fait de grands progrès en ce qui concerne l'adoption des instruments et des machines agricoles les plus perfectionnés; si l'on est arrivé à donner beaucoup d'attention au choix des semences et à leur préservation contre les maladies parasitaires; si, dans toutes les opérations de culture, on peut signaler des améliorations notables, par rapport au passé, il n'en est plus de même quand il s'agit du maintien de la fertilité du sol.

En effet, jusque dans ces derniers temps, la culture des céréales et surtout celle du blé, quand son prix se maintenait au-dessus de 10 francs l'hectolitre sur place, était très rémunératrice; ce qui a engagé les cultivateurs à leur donner la plus grande extension dans la culture.

Trop confiants dans la fertilité naturelle du sol, que l'on croit, à tort, inépuisable, ils ont usé et abusé d'elle, sans penser à la restitution au moins partielle des substances fertilisantes retirées annuellement au sol par les cultures.

Les résultats d'un tel système de culture se font sentir de la manière la plus fâcheuse dans la productivité du sol; car on ne peut pas appeler un grand rendement les

13 hectol. 7 de blé en moyenne à l'hectare pour la période de cinq ans, de 1893 à 1897.

Blé. — Le blé qui occupe, nous l'avons vu, une superficie de plus de 1,500,000 hectares, donne une production moyenne d'environ 20 millions d'hectolitres; tandis que le maïs, qui se cultive sur une étendue de 2 millions d'hectares environ, produit une moyenne de 25 millions d'hectolitres par an. Malgré cette différence, comme superficie et comme production totale en hectolitres en faveur du maïs, le blé représente pour l'agriculture roumaine une valeur commerciale beaucoup plus importante que celle du maïs, surtout pour le commerce d'exportation. Au prix de 10 francs l'hectolitre, le blé représente une valeur d'environ 150 millions de francs.

La Roumanie occupe la huitième place parmi les 20 pays producteurs de blé de l'Europe, en ce qui concerne la quantité absolue de la production; mais, comparativement aux superficies totales de chaque pays, elle occupe la seconde place dans l'ordre suivant : 1re la France, 2e la Roumanie, 3e la Bulgarie, 4e l'Italie, 5e les États hongrois, etc.

A cause des conditions de sol et de climat, la culture du blé d'automne est une de celles qui offrent le plus de garanties de réussite.

Les blés d'automne, cultivés presque exclusivement en Roumanie, appartiennent à l'espèce des blés tendres, qui est la plus importante de toutes les espèces de blés cultivés.

De cette espèce, on ne cultive en général que les blés barbus, qui se rattachent à deux variétés principales, se distinguant l'une de l'autre par la couleur de leurs épis et par la grosseur et l'aspect du grain.

On a la variété à épi blanc barbu et la variété à épi rouge barbu.

Le blé d'automne à épi blanc occupe des étendues plus grandes que le blé à épi rouge, et est considéré, à juste titre, comme la meilleure variété pour le commerce international. Il se caractérise par son épi de couleur blanche, par sa paille généralement peu résistante, qui l'expose à la verse, dans les années pluvieuses et abondantes.

Son grain est généralement plus petit que celui du blé à épi rouge, plus dense, donnant un poids plus grand par hectolitre, de couleur foncée, à cassure plus ou moins vitreuse ou glacée.

Richesse des blés en gluten. — Les blés roumains figurent parmi les plus riches en gluten.

Nous donnerons ici, en ce qui concerne la composition chimique fixant la valeur alimentaire et, par conséquent, boulangère des différents blés, les résultats des analyses faites par M. Fleurent, professeur au Conservatoire des arts et métiers.

Au premier rang des blés du monde, tant par la constance de leur composition que par leur grande richesse en gluten, qui leur assure ainsi une valeur nutritive de premier ordre, viennent se placer les blés de Russie ;

Au second rang et avec des qualités sensiblement égales entre elles, mais un peu inférieures déjà à celles des blés précédents, viennent se placer les blés d'Algérie, des États-Unis et de Roumanie ;

En troisième lieu, et toujours en décroissant, viennent les blés français des régions de l'Est et de l'Ouest, les blés des Indes et les blés français de la région du Sud-Ouest ;

Enfin, en quatrième lieu, et avec des qualités égales, nous rangerons les blés français de la région des environs de Paris et de la région du Nord.

La richesse des blés roumains, en général, et surtout la supériorité des blés de la Moldavie, en matières protéiques, les rend aptes à être mélangés, dans la minoterie, avec des blés moins riches en ces matières, pour en obtenir des farines de qualité supérieure, bien panifiables ; et c'est précisément cette richesse en matières protéiques qui les fait rechercher dans le commerce international.

Nous croyons devoir signaler la nécessité, pour les cultivateurs français, de produire des blés riches en gluten ; car, s'ils négligent ce point important, malgré les bas prix des cours en France et l'importance du droit de douane, les blés étrangers renommés pour leur richesse en gluten continueront, même lorsque la production nationale suffira à la consommation, à être demandés par les meuniers de France, qui veulent donner à leurs farines les meilleures qualités, au point de vue de la panification.

Domaine de la Couronne. — Au moment où le domaine de la Couronne fut créé, en 1884, le plus grand nombre des terres qui le composaient étaient affermées encore pour plusieurs années, par des contrats conclus par l'État et qui devaient être respectés ; cette circonstance rendait assez difficile l'introduction des améliorations désirables. De sorte que, jusqu'à l'expiration de ces contrats, les intentions de l'administration du domaine de la Couronne ont été paralysées et son rôle s'est borné plutôt à construire des bâtiments, des écoles ou des églises, là où elles n'existaient pas, à réparer celles qui existaient, et à préparer des projets pour l'avenir. Au fur et à mesure de l'expiration des contrats d'affermage, l'exploitation des domaines a été instituée en régie, de sorte que les améliorations sérieuses n'ont guère commencé que depuis sept années.

Aujourd'hui, presque toutes ces terres sont exploitées en régie, et, prochainement, c'est-à-dire aussitôt que le personnel nécessaire sera formé, le peu qui est encore affermé sera également exploité ainsi.

Le domaine de la Couronne, composé de douze terres, comprend une surface totale de 132,112 hectares, dont 48,433 hectares sont affectés à l'agriculture proprement dite, et le reste est occupé par la forêt.

Le domaine agricole est situé presque tout entier dans la région de la plaine, et, deux terres seulement, Dobrovetz et Malini, dont la surface est relativement petite, sont situées dans la région des collines.

Aussi longtemps que les terres ont été affermées, on n'a pas fait de culture rationnelle. Les fermiers, cherchant leur intérêt matériel, et les contrats d'affermage n'étant pas conclus pour de longs termes, ils ont fait des ensemencements aussi étendus que possible pour retirer le plus grand revenu, sans s'inquiéter de diminuer la puissance de production du sol, car cela ne les intéressait pas. Les terres, grâce à leur bonne qualité, ont résisté à des cultures de blé répétées plusieurs fois sans les faire alterner avec d'autres plantes et ont donné cependant des récoltes satisfaisantes. En général, les fermiers, dans les meilleurs cas, ont alterné la culture du blé avec celle du maïs.

Malgré cet abus de culture, la terre n'était pas encore épuisée, mais il était temps d'y introduire une culture rationnelle. C'est ce que l'administration du domaine de la Couronne a compris; et, à mesure que les contrats d'affermage ont expiré et qu'elle a pris l'exploitation des terres en régie, elle a établi des plans de culture pour chacune et des assolements en rapport avec la nature des terrains et avec les circonstances économiques.

Là où la culture intensive pouvait être pratiquée, on a introduit l'amendement des terrains, soit avec du fumier, soit au moyen de cultures de plantes légumineuses, fourragères ou à grains. On cherche de même à introduire, dans la culture extensive, les légumineux, pour réduire les jachères. Mais pour pouvoir faire une culture rationnelle, il faut que le sol soit bien travaillé, et, dans ce but, on a introduit les instruments et les machines les plus recommandés.

Le rapport de l'étendue des cultures des différentes plantes a été l'objet d'un grand changement.

Les chiffres que nous donnons plus bas, relativement à l'étendue occupée par les différentes plantes cultivées, ne sont pas une image fidèle du système de culture adopté, parce que les plus grandes terres ne sont exploitées en régie que depuis l'année dernière ou cette année, et l'on n'a pu, pour des raisons sérieuses, changer immédiatement le système, forcé que l'on a été de maintenir, encore cette année, les engagements antérieurs conclus avec les paysans, qui ont ensemencé à peu près toute la surface arable avec du blé ou du maïs.

Pour cette année, la surface occupée par les principales plantes cultivées, et leur proportion pour 100, est la suivante :

	hectares.	
Colza..	1,182	ou 4.09 p. 100
Maïs..	10,244 20	35.46
Blé...	9,480	32.89
Seigle......................................	3,501	12.12
Escourgeon.................................	1,328	4.59
Avoine.....................................	966	3.34

On donne une sérieuse attention au choix des semences et, outre celles qu'on apporte de l'étranger pour les essayer dans les champs d'expérience, on procède à l'amélioration des semences par la sélection.

Le rendement moyen des plantes à l'hectare varie, et, l'exploitation en régie ne datant pas de longtemps, on ne peut fournir des données précises à ce sujet; mais nous pouvons affirmer, d'après les données partielles que nous avons jusqu'à présent, qu'il présente les variations suivantes :

PRODUCTION MOYENNE PAR HECTARE.		PRODUCTION MOYENNE PAR HECTARE.	
	hectolitres.		hectolitres.
Blé	20	Maïs	24
Escourgeon	22	Pois	15
Avoine	30		

On ne peut imaginer une culture intensive sans qu'elle soit associée à l'élevage des bestiaux, excepté au cas très rare où l'on pourrait se passer de leur concours grâce à l'emploi des machines, encore qu'ils soient indispensables à la production du fumier.

L'administration du domaine de la Couronne a l'intention de produire elle-même tous les bestiaux qui lui sont nécessaires pour l'exploitation, d'améliorer les races par tous les moyens possibles, et de les répandre ensuite chez les paysans de ses domaines.

Il n'y a pas à douter de la réussite de l'élevage ; au contraire, on peut affirmer que tous les domaines s'y prêtent.

Mais, pour l'amélioration des races, il fallait d'abord de bons pâturages et de bonnes prairies, de même que des installations salubres ; c'est pourquoi l'administration du domaine de la Couronne a voulu remplir d'abord ces conditions et n'augmenter qu'ensuite le nombre des bestiaux.

C'est ainsi qu'on a créé constamment des prairies artificielles, et qu'on a donné une extension toujours plus grande aux plantes fourragères.

Le domaine de la Couronne figurait parmi les principaux exposants de la section roumaine.

Nous voudrions citer toutes les expositions individuelles et collectives qui ont été l'objet d'une distinction particulière de la part du Jury, mais leur nombre est trop considérable. Nous ne mentionnerons que celles de l'ÉCOLE CENTRALE D'AGRICULTURE, MM. le prince STIRBEY, Constantin VERNESCO, Alexandre MORGHILOMAN.

RUSSIE.

M. Yermoloff, ministre de l'agriculture et des domaines, faisant devant ses confrères un tableau de la situation agricole de son pays, disait : « Nous avoisinons le pôle Nord d'un côté et les régions semi-tropicales de l'autre, la mer Baltique et l'océan Pacifique ; l'Allemagne et la Chine se trouvent sur nos confins. Et partout, du Nord au Midi, de l'Occident à l'Orient le plus reculé, l'agriculture forme l'occupation principale de notre population, la base de sa richesse. C'est assez vous dire l'importance de cette branche nourricière de toutes les autres industries que possède notre pays. »

C'est bien, en effet, cette impression que l'on éprouvait en visitant l'exposition agricole russe. La multiplicité des échantillons présentés, les graphiques, les statistiques, tout, jusqu'à la forme originale donnée aux objets exposés, contribuait à mettre dans l'esprit du visiteur cette idée que la Russie est avant tout un pays agricole producteur de céréales.

Céréales. — Dans les soixante gouvernements de la Russie d'Europe, la superficie des terres labourées est, en nombre rond, de 132,500,000 hectares. Le seigle occupe 29 millions d'hectares; le blé 12,500,000; l'avoine près de 16 millions et l'orge 6 millions environ. Les autres céréales couvrent 10 millions d'hectares. De ce relevé approximatif, il résulte que la culture des céréales s'étend sur plus de la moitié du territoire de la Russie d'Europe.

La répartition proportionnelle des emblavures est la suivante :

	p. 100		p. 100
Seigle d'automne	36.8	Avoine	20
Seigle de printemps	0.8	Autres céréales	19.9
Blé d'automne	5.5	Cultures diverses	6.6
Blé de printemps	10.4		

Les terres des paysans (86 millions d'hectares) sont généralement plus souvent consacrées à la culture du seigle que celles des grands domaines, le pain de seigle constituant pour le paysan russe, dans le plus grand nombre des régions, le principal objet d'alimentation. Dans la partie moyenne des terres noires dépourvues de steppes et dans beaucoup de contrées situées hors de cette zone, les paysans ne sèment en automne que des seigles de printemps.

Dans l'immense région agricole du centre de la Russie d'Europe, la récolte du seigle constitue le facteur principal des bonnes et des mauvaises années; car, si le seigle vient à manquer, le succès des autres céréales ne saurait compenser le fléau qui frappe les ménages.

L'exportation des seigles russes est assez considérable (environ 1 million de tonnes en année moyenne). La Russie est le principal et presque le seul fournisseur de seigle sur les marchés internationaux; néanmoins, la proportion du seigle exporté est très peu considérable si on la compare à la production et à la consommation nationales. La quantité de seigle annuellement exportée est inférieure à l'écart qui peut se produire entre la récolte du seigle d'une des meilleures années et la récolte d'une des années les plus mauvaises.

L'avoine occupe, en Russie, la seconde place parmi les céréales, sous le rapport de l'étendue de la surface ensemencée.

Elle est, comme le seigle, l'objet d'un important commerce d'exportation.

Contrairement à ce qui a lieu pour le seigle, dont la plus grande partie est consommée par les paysans, qui n'en réservent qu'une quantité limitée pour la vente et l'exportation, en Russie, l'avoine ne sert à l'alimentation du bétail et principalement des chevaux qu'en proportion relativement peu considérable. Cette céréale, dans la moitié septentrionale de la Russie, où le seigle fait très souvent défaut, tandis que de grandes superficies sont consacrées à l'avoine, est un objet de commerce et d'exportation.

Au troisième rang d'importance, en raison de l'étendue des terres où il est cultivé, vient le blé qui occupe la première place comme céréale d'exportation. Les régions qui cultivent le blé n'ont le plus souvent en vue que la vente à l'intérieur ou à l'extérieur de cette céréale. Plus de la moitié des froments produits par la Russie, déduction faite de la réserve pour semence, prend la direction de l'étranger. Ce sont les steppes de la zone des terres noires qui produisent la plus grande quantité de blé : là 37 à 52 p. 100 des terres ensemencées sont consacrées à la culture de cette céréale.

La Russie d'Europe produit du froment d'automne et du froment de printemps. Dans les steppes, particulièrement dans les steppes de l'Est, on cultive de préférence sur les terres vierges et sur les vieilles friches les variétés particulièrement précieuses de blés durs de printemps (*Triticum durum*). En général, l'ouest de la Russie produit plus de blé d'automne. Dans les steppes du Midi, c'est le blé de printemps qui domine, dans l'Est on ne cultive que lui. Les gouvernements du Sud-Ouest sont particulièrement producteurs de blés d'automne, notamment les gouvernements de Kiew, de Podolie et de Volhynie. Les blés de printemps sont de préférence cultivés dans les steppes du Sud et de l'Est.

Lorsque les blés d'automne réussissent dans les pays du Sud-Ouest, la récolte russe dépasse la moyenne des bonnes récoltes, quelle que soit celle des autres régions, fût-elle des plus mauvaises.

Il en est de même des blés de printemps, dans les steppes du Sud et les steppes de l'Est. Si, dans ces contrées, la récolte est bonne, la récolte russe est bonne; si, au contraire, dans ces régions, la récolte est médiocre ou mauvaise, il en est de même de la récolte nationale. Si la récolte n'est bonne que dans une de ces régions seulement et mauvaise ou médiocre dans l'autre, il y a compensation et la récolte nationale approche de la moyenne.

L'orge n'est presque pas cultivée dans la zone des terres noires du centre de la Russie, notamment dans les gouvernements d'Orel, de Toula, de Tambow, de Penza et de Simbirsk.

Dans l'extrême-Nord, au gouvernement d'Arkhangel, c'est la seule céréale qui, dans certains cantons, réussisse sous ce climat rigoureux, où elle arrive à maturité malgré la courte durée de l'été.

Au total, dans ces contrées, l'orge occupe 54 p. 100 de la surface des terres cultivées.

Un cinquième des orges produites par l'agriculture russe est exporté à l'étranger.

Malgré la faiblesse des rendements moyens du sol, faiblesse qu'explique la culture extensive pratiquée jusqu'ici à peu près exclusivement sur les terres des paysans (86 millions d'hectares sur 132 millions), l'Empire russe occupe par l'importance de sa production de céréales le premier rang en Europe. On y récolte près de 47 millions de tonnes de seigle, blé, orge, avoine et maïs, ce qui correspond à 21 p. 100 de la production en céréales du monde entier. Seuls, les États-Unis d'Amérique priment la Russie avec leur récolte annuelle de 73 millions de tonnes de céréales (32 p. 100 de la récolte du globe). Mais si l'on envisage spécialement la culture du blé, on constate un écart beaucoup moindre entre les deux pays : en nombre rond, la Russie récolte 11 millions de tonnes de froment contre 14 millions environ que produisent les États-Unis. Les moyennes annuelles de la production des cinq principales céréales alimentaires ont été les suivantes (quantités en milliers de tonnes) :

ANNÉES.	BLÉ.	SEIGLE.	AVOINE.	ORGE.	MAÏS.
1890......................	57,772	179,694	89,189	37,166	6,405
1891......................	49,994	129,631	71,089	32,022	7,649
1892......................	88,239	159,590	77,177	45,756	6,748
1893......................	120,098	181,105	110,696	73,579	11,515
1894......................	113,775	221,261	110,647	58,789	5,897
1895......................	102,538	199,050	106,241	53,661	8,042
1896......................	99,345	194,922	105,798	53,219	6,028
1897......................	77,889	158,853	86,437	56,192	13,186
1898......................	111,073	181,376	91,121	64,521	12,153

La production de la Russie, à l'envisager dans ses grandes lignes, est le résultat de la grande culture et de la petite culture.

La grande culture représente environ les trois quarts de la production totale et comprend, outre les domaines de l'Empereur et les apanages, les propriétés de la noblesse, les terrains appartenant aux grands propriétaires fonciers, et enfin les exploitations agricoles, désignées sous le nom d'*Économies* et qui appartiennent à des colons, la plupart d'origine allemande, établis, il y a plus d'un siècle, en Crimée.

La petite culture, qui est surtout entre les mains des paysans, produit des qualités inférieures à celles de la grande culture, cette dernière disposant de machines agricoles variées, de tous les appareils et engrais nécessaires et faisant une sélection raisonnée des semences.

Il est à remarquer que ce sont d'habitude les grands propriétaires et les municipalités (zemstwos) qui fournissent aux paysans leurs semences.

La production est si considérable qu'elle subvient aux besoins de 130 millions de Russes et permet, en outre, une large exportation destinée aux autres pays de consommation.

La Russie prenait une part importante et souvent dominante à l'exportation universelle, en ce qui concerne les grains et les graines; elle occupait, quant aux blés et aux avoines, la seconde et quelquefois la première place, et, en ce qui touche les seigles et les orges, la première place.

Exportation des céréales. — Voici le tableau de l'exportation générale des céréales russes de 1887 à 1897, d'après les statistiques officielles :

	QUANTITÉS. quintaux métriques.	VALEURS. francs.
1887......................	68,883,629	950,309,070
1888......................	94,666,897	1,276,142,520
1889......................	82,165,680	1,121,805,840
1890......................	74,313,021	1,024,454,970
1891......................	68,871,671 (2)	1,036,849,110
1892......................	36,349,164 (2)	516,061,833
1893......................	70,663,743	875,981,610
1894......................	109,730,928	1,108,840,320
1895......................	102,279,008	1,026,836,610
1896......................	92,347,978	1,009,185,240
1897......................	88,947.818	1,086,951,660

En vue de permettre aux visiteurs de l'Exposition d'apprécier la qualité commerciale des céréales et autres grains cultivés en Russie, le Ministère des finances (Département du commerce et de l'industrie) en a réuni 300 échantillons. Cette belle collection, installée avec beaucoup de goût dans le pavillon spécial des Invalides, organisée par les soins de MM. Louis DREYFUS et Cⁱᵉ, présentait notamment un remarquable ensemble de types de blés groupés en six divisions correspondant à des centres commerciaux : sud-ouest, sud-est, Caucase; centre, nord-est et nord-ouest.

Composition des blés russes. — Les résultats de l'analyse des blés tendres, blés durs et seigle, qui montrent que les blés russes sont les plus riches du monde en gluten, complétaient très heureusement l'exhibition des échantillons et méritaient une attention toute spéciale de la part des cultivateurs.

Ces analyses ont été faites par M. Marcel Arpin, expert en douane, chimiste du Syndicat de la boulangerie française et de l'Association nationale de la meunerie française.

Tous les hommes compétents savent que la situation des boulangers dans les pays consommateurs est difficile; c'est, en grande partie, à la qualité des farines que leur livre la meunerie qu'il faut attribuer cet état de choses.

Les farines livrées sont belles, blanches, mais ont un gros défaut : l'insuffisance du gluten. Il en résulte que ces farines se travaillent mal et donnent, à la cuisson, un pain plat et mal développé et surtout un pain offrant un pouvoir nutritif insuffisant parce qu'il est pauvre en gluten, c'est-à-dire en matière azotée assimilable.

Il y a lieu de se préoccuper non seulement de la présence, c'est-à-dire de la quantité de gluten, mais aussi de sa composition, c'est-à-dire de sa qualité. On sait, en effet, depuis les travaux de M. Fleurent, professeur au Conservatoire des arts et métiers, à Paris, que le gluten n'est pas une substance simple, mais qu'il contient deux principes constitutifs, la gliadine et la gluténine. La gliadine est gluante, la gluténine est l'élément sec.

Pour que le gluten soit vraiment de bonne qualité, la proportion de gluténine doit être d'environ un quart pour trois quarts de gliadine.

Nécessité de se préoccuper de la composition du blé. — Le jour où le cultivateur en France, en Allemagne, en Angleterre, etc., au lieu de viser surtout à un fort rendement par hectare, se préoccupera de la composition du blé et de la qualité de la farine qui doit en provenir, cultivateurs, meuniers et consommateurs y trouveront tous profit et avantage.

Donc le cultivateur doit opérer, là est le point de départ, une véritable sélection parmi les semences.

Il faut que le boulanger réclame au meunier des farines riches en gluten de bonne qualité, par conséquent que le meunier exige du cultivateur des blés capables de fournir de semblables farines et que, enfin, le cultivateur, par la sélection et le choix des semences et par ses procédés culturaux, se mette en mesure de livrer les blés que lui demande le meunier.

Toutes ces transactions, reposant sur la connaissance exacte de la composition des farines (et non des blés), c'est une petite révolution à accomplir, et qui demandera du temps, que de réformer ainsi des habitudes invétérées.

Les cultivateurs français, anglais et allemands peuvent-ils arriver à produire des blés riches en gluten? Cela ne paraît pas douteux. M. Grandeau, qu'il faut toujours citer en ces matières, est affirmatif sur ce point.

Bien que nous ne connaissions que très imparfaitement encore les conditions de sol, de fumure, etc., qui régissent la formation du gluten, il paraît incontestable que la sélection des semences est le point de départ certain d'une amélioration dans cette direction de la qualité des froments. Les États-Unis d'Amérique, toujours à l'affût des procédés de culture perfectionnés, grâce au développement extraordinaire de leurs institutions agronomiques et de l'organisation des services agricoles au Ministère de l'agriculture de Washington, ont déjà porté leur attention sur cet important sujet. Après avoir fait expérimenter, il y a deux ans environ, dans les champs d'essais des stations agronomiques des centaines de variétés de froment d'Europe, d'Asie ou d'Australie et constaté la supériorité des blés russes, le Ministère d'agriculture des États-Unis a donné mission au professeur Hansen d'acheter, aux lieux de production, les meilleures sortes de froments russes, de prendre connaissance des conditions et des procédés de leur culture et de réunir les données les plus complètes sur la culture du froment en Russie. Dès le retour en Amérique du professeur Hansen, qui avait ramené les meilleures semences, de petits sacs d'échantillon ont été expédiés par milliers dans toutes les contrées de l'Union, et les semences qu'ils contenaient mises en expériences par les fermiers américains et les stations agronomiques. Ces expériences ont pour but principal de déterminer la meilleure adaptation des semences russes aux différentes zones des États-Unis.

L'exemple devrait être suivi : il faut chez nous, dans l'intérêt du consommateur comme dans celui du producteur, améliorer la qualité nutritive de nos blés; la sélection des semences est sans doute la première condition de ce progrès, et l'analyse des farines du grain à semer semble devoir jouer dans ce choix un rôle important.

Betterave. — Une culture qui, depuis une vingtaine d'années, prend de l'extension en Russie, c'est celle de la betterave à sucre.

Jusqu'en 1880 la Russie ne produisait pas assez de sucre pour répondre à la consommation intérieure du pays. Aujourd'hui, le sucre est devenu pour la Russie l'objet d'un commerce d'exportation très important en Europe et en Asie.

En 1899, 268 fabriques de sucre ont travaillé les betteraves de 482,000 hectares. En dix ans, le nombre de sucreries s'est accru de plus de 20 p. 100.

Ces sucreries et les cultures de betteraves qui les alimentent sont concentrées surtout dans la zone des célèbres terres noires du centre de la Russie. C'est aussi dans ces gouvernements que l'agriculture a fait, depuis quinze à vingt ans, le plus de progrès, en Russie.

Un autre groupe important de culture des betteraves à sucre et des sucreries se trouve en Pologne.

Bien que les rendements obtenus à l'hectare aillent en augmentant d'une façon régulière, ils restent cependant encore relativement peu élevés. La moyenne du rendement à l'hectare a été, pendant la période quinquennale 1894 à 1898, de 94 quintaux pour l'ensemble de la Russie, avec une teneur en sucre de 15.17 p. 100 du poids de la betterave. Mais, dans plusieurs domaines, on est arrivé à une production de 32,000 kilogrammes et à une richesse saccharine de 20 p. 100; et cela montre les résultats que l'on pourra atteindre avec une culture perfectionnée dans nombre de régions.

La valeur du rendement actuel en betteraves à sucre peut être évaluée à une somme de 159 fr. 60 à 292 fr. 60 par hectare. Le quintal de betteraves, suivant l'importance du rendement, coûterait au cultivateur de 1 fr. 13 à 2 fr. 02. Le même quintal est vendu aux fabriques, suivant la qualité, la pureté et la richesse, de 1 fr. 61 à 2 fr. 10. Mais le prix de la betterave, malgré le plus grand nombre des fabriques de sucre, tendrait à augmenter. Ainsi, en 1899, la tonne de betterave aurait été achetée au cultivateur 22 francs.

Nous ne devons pas oublier qu'à mesure que la betterave à sucre gagne du terrain, les méthodes culturales, par le fait même, s'améliorent; la terre, mieux travaillée, mieux fumée, porte aussitôt de plus belles récoltes de froment et la conséquence certaine du développement de la culture de la betterave à sucre en Russie y sera un accroissement sensible du rendement des céréales, et dès lors une plus grande quantité de celles-ci disponible pour l'exportation.

Longtemps la Russie s'est adressée à la France, à l'Allemagne pour ses graines de betteraves à sucre. Aujourd'hui, nombreux sont les sélectionneurs de graines de betteraves en Russie; ils en exportent même à l'étranger et, dans plusieurs de nos fermes fran-

IMPRIMERIE NATIONALE.

çaises, les graines de betteraves d'origine russe ont été tout au moins expérimentées.

A l'Exposition, plusieurs des principaux sélectionneurs de betteraves russes avaient envoyé des collections et des spécimens de racines qu'ils obtenaient. Nous citerons, par exemple, l'exposition des graines sélectionnées de la ferme de Dankow, dans le gouvernement de Varsovie, dont le propriétaire, M. Alexandre Janasz, avait eu soin, en outre, de rédiger un rapport sur ses procédés de culture, montrant que cette sélection des graines de betteraves se faisait chez lui avec le plus grand soin et par les procédés les plus scientifiques.

A la section agricole russe, située dans l'ancienne galerie des machines, quelques-unes des sucreries russes avaient installé des expositions très complètes; elles distribuaient, en outre, d'intéressantes monographies sur leur industrie.

Tel était, entre autres, le cas de MM. Lazare et Léon Brodsky frères, de Kiew, qui possèdent dans divers districts treize sucreries et trois raffineries, cultivant la betterave directement sur 7,630 hectares et la faisant cultiver sur 26,596 autres hectares par des agriculteurs voisins de leurs sucreries. Ils traiteraient par jour, dans leurs fabriques, 6 millions de kilogrammes de betteraves.

Une autre maison, celle que dirigent MM. J.-G. Kharitonenko et fils, à Soumy, dans le gouvernement de Kharkof, avait réuni dans son exposition des produits de toute beauté. Cette maison cultive 70,000 hectares divisés en lots comprenant chacun une fabrique de sucre de betterave. Elle exploite, en outre, une raffinerie où elle travaille les produits bruts des sept fabriques de sucre qui sont réparties dans tout son domaine.

Nous terminerons cet examen de la section russe en citant parmi les principaux exposants ceux qui n'ont pas été signalés précédemment.

Ce sont l'Administration supérieure de l'agriculture de Finlande, le Département du commerce et des manufactures au Ministère des finances, Mᵐᵉ la comtesse Marie de Potoska, le Zemstvo du gouvernement de Witka et M. le comte de Tichkievitch.

RÉPUBLIQUE DE SAINT-MARIN.

Les deux exposants de la minuscule république, MM. Fabbri et Gozi, ont obtenu une médaille d'or pour leurs produits qui consistaient en huiles d'olive, céréales et légumes.

SALVADOR.

Le café seul figurait dans l'exposition de la République de Salvador. Il est vrai qu'il est presque l'unique produit agricole d'exportation du pays.

L'exploitation du café a considérablement augmenté depuis 1889. La récolte était alors de 200,000 sacs, soit 300,000 quintaux espagnols; elle est aujourd'hui de 600,000 quintaux.

La culture aussi a fait beaucoup de progrès : les plantations ont toutes des pépinières où les arbrisseaux se développent et d'où, après sélection faite, ils sont transplantés aux époques voulues et suivant les procédés scientifiques modernes.

Le café de Salvador possède des qualités appréciables : il est fort aromatique et a très bon goût.

Le Salvador récolte aussi le cacao, mais la production n'est pas considérable et suffit à peine aux besoins de la consommation.

Nous citerons parmi les exposants les plus remarquables de ce pays : le GOUVERNEMENT DE LA RÉPUBLIQUE DE SALVADOR, MM. REGALADO (Thomas) et ALVAREZ (Emilio).

SERBIE.

La Serbie avait en 1897 : en terres cultivées, 1,805,943 hectares, soit 37.3 p. 100; en forêts et bois, 2,231,581 hectares, soit 46.2 p. 100 et en terres incultes, 792,736 hectares, soit 16.5 p. 100 de sa superficie totale.

Sur la superficie cultivée, la partie ensemencée comprenait, en 1897, 977,331 hectares, soit 54.13 p. 100.

On voit donc que l'agriculture est, en Serbie, une branche très importante de l'industrie nationale. Grâce au climat favorable, à la fertilité du sol, les produits agricoles sont ordinairement de très bonne qualité.

Procédés culturaux. — L'agriculture se trouve, dans les diverses régions de la Serbie, à des degrés très différents d'avancement. Dans les parties les plus peuplées et dans le voisinage des villes importantes, elle est notablement plus rationnelle que dans les parties moins peuplées ou éloignées des marchés et des grandes voies de communication.

La culture de la terre se fait d'une manière assez primitive et ceci tient à ce que le sol est, en général, fertile et très propice aux céréales et autres récoltes.

La fumure du sol a été, dans ces derniers temps, l'objet de soins beaucoup plus grands, car on a observé que le rendement des récoltes commençait à décroître. C'est aussi dans le voisinage des villes que la fumure du sol se pratique le plus et d'une manière plus méthodique; il est plus facile de s'y procurer le fumier nécessaire et les bénéfices de cette opération y sont plus appréciables. La fumure des champs se fait exclusivement avec du fumier de ferme. Quant aux engrais minéraux artificiels et au guano, il n'en a été fait que des essais dans les stations agronomiques de l'État.

La préparation des semences pour les semailles se fait assez soigneusement dans tout le pays. Chaque cultivateur s'efforce d'avoir à cet effet les meilleures graines et de les nettoyer des graines de plantes parasites. Il les vanne, les crible et les lave, et, pour les préserver des maladies, il les trempe dans une solution de sulfate de cuivre, ou les asperge de chaux vive réduite en poudre. Le blé du paysan serbe est souvent si propre qu'il donne un pain presque entièrement blanc.

Toutefois, le cultivateur commet souvent la faute de ne moissonner son blé que quand il est déjà trop mûr et de le laisser ensuite trop longtemps en tas. Dans le premier cas, le grain est non seulement de qualité inférieure, mais il est moins abondant, car il s'égrène alors plus facilement et il s'en perd beaucoup. Dans le second cas, il arrive souvent que le mauvais temps survient, se prolonge et que le grain pourrit.

Céréales. — Les plantes dont la culture a pris en Serbie le plus grand développement sont : le maïs, le blé, le seigle, l'orge et l'avoine. Viennent ensuite, sur une moindre échelle, le chanvre, le haricot, la pomme de terre et le trèfle. Au dernier rang, nous trouvons le sarrasin, le millet, le lin, la lentille, le colza et la betterave.

Ainsi, sur la superficie totale de la terre consacrée aux cultures en 1897, les céréales diverses occupaient 51.1 p. 100; le maïs occupait 45.8 p. 100; les autres semis occupaient 3.1 p. 100.

De toutes les plantes cultivées en Serbie, le maïs est la plus importante. Cette importance lui vient de ce qu'il fournit à la plus grande partie de la population rurale le pain dont elle se nourrit et qu'on l'emploie en quantités énormes à l'engraissement des porcs, ceux-ci, à leur tour, étant le principal article du commerce d'exportation serbe.

Le maïs se cultive dans tout le pays, à l'exception des hautes régions montagneuses dans lesquelles il ne peut parvenir à maturité.

Cette céréale était cultivée en 1897 sur 448,334 hectares, soit 24.88 p. 100 de la superficie de la terre labourée. Son rendement moyen pour la même année s'élevait, par hectare, à 19.3 quintaux.

Malgré la consommation énorme qui en est faite dans le pays même, le maïs s'exporte encore en quantités considérables. Ainsi il en a été exporté :

	quintaux.			quintaux.
1895	38,049		1898	20,648
1896	129,861		1899	257,726
1897	134,658			

Après le maïs, la première place revient en Serbie à la culture du blé qui sert à la subsistance de la population et à l'exportation.

On cultive le blé d'hiver et le blé de printemps, le premier beaucoup plus que le second. Des différentes espèces de blé, la plus commune est le blé rouge ordinaire ; le blé blanc et le gros blé (kroupnik) sont bien moins répandus.

En 1897, le blé occupait en Serbie 287,699 hectares ou 15.93 p. 100 de la superficie de la terre cultivée, et son rendement par hectare était de 13.3 quintaux.

Le blé constitue un article important de l'exportation serbe.

Il en a été exporté :

	quintaux.			quintaux.
1895	623,258		1898	617,280
1896	1,030,140		1899	775,421
1897	308,500			

Le seigle est moins cultivé en Serbie que les autres céréales et on le sème ordinairement mélangé au blé, en une sorte de culture mixte.

En 1897, les champs ensemencés en seigle comprenaient 37,206 hectares, soit
2.05 p. 100 de la superficie cultivée du pays, et son rendement moyen était de
10.4 quintaux par hectare.

Le seigle est, pour la plus grande partie, consommé dans le pays même.

L'orge se cultive dans toute la Serbie, mais plus ou moins suivant les régions. Son
grain sert à la nourriture du bétail, particulièrement des chevaux, et constitue un
article d'exportation. En outre, une grande quantité d'orge est employée dans les brasseries du pays pour la fabrication du malt.

Les espèces d'orge les plus cultivées sont l'orge à quatre rangs et l'orge à deux
rangs; l'orge escourgeon ou à six rangs se rencontre plus rarement.

La Serbie avait, en 1897, ensemencé en orge 74,940 hectares ou 4.15 p. 100 de
sa superficie cultivée. Le rendement moyen par hectare était de 11.3 quintaux.

L'exportation d'orge de Serbie a atteint :

	quintaux.			quintaux.
1895...................	41,988		1898...................	73,668
1896...................	87,807		1899...................	175,098
1897...................	35,478			

La culture de l'avoine vient en Serbie immédiatement après celle du maïs et du blé.
Cette céréale est employée à la nourriture du bétail, et il s'en exporte chaque année
des quantités considérables.

En 1897, la Serbie avait ensemencé en orge 100,037 hectares ou 5.53 p. 100
de toute la superficie cultivable du pays et le rendement moyen par hectare était de
12.1 quintaux.

Après l'exportation du blé, celle de l'avoine atteint les plus gros chiffres. C'est ainsi
qu'il en a été exporté :

	quintaux.			quintaux.
1895...................	119,744		1898...................	208,716
1896...................	167,703		1899...................	103,825
1897...................	176,249			

Le haricot est très répandu en Serbie, car aucun légume ne sert autant à la nourriture du paysan serbe durant toute l'année et particulièrement en temps de jeûne.

Il vient dans tout le pays, sauf dans les endroits montagneux et marécageux.

Il y a deux espèces de haricots : le haricot grimpant et le haricot nain, et ces deux
espèces comprennent une infinité de variétés qui se distinguent entre elles par la couleur,
la grosseur et la forme du grain.

Le haricot se sème seul ou comme plante accessoire dans les intervalles laissés par
les tiges de maïs.

La culture du haricot occupait en Serbie, en 1897, 4,798 hectares pour le haricot semé seul, et 45,319 hectares pour le haricot semé dans les intervalles du maïs. Le rendement moyen par hectare était, dans le premier cas, de 12.1 quintaux, dans le second cas, de 4.4 quintaux.

La Serbie est riche en prairies naturelles produisant le foin pour l'entretien du bétail durant l'hiver, et en pâturages où le bétail se nourrit pendant l'été. Il en résulte que la culture des plantes fourragères n'est pas l'objet de soins particuliers en Serbie.

En fait de plantes fourragères, on cultive la luzerne, la betterave, la courge et le panic.

La culture de la luzerne et de la betterave prend chaque jour plus d'extension, principalement dans le voisinage des villes où elles servent à la nourriture des vaches.

Les courges ou citrouilles sont cultivées dans tout le pays, mais jamais seules. On les sème toujours comme plantes accessoires dans les intervalles laissés entre elles par les tiges du maïs. Elles se distinguent en deux espèces : la blanche et la rouge. La première se cultive généralement en jardin. Elle sert, durant l'hiver, à la nourriture des habitants qui la consomment rôtie; la seconde est cultivée dans les champs et on l'emploie à nourrir les bestiaux, surtout les porcs, après qu'elle a été préalablement hachée en menus morceaux. Cuite ou rôtie, elle sert aussi à l'alimentation des habitants.

Des spécimens nombreux et variés des produits de ces différentes cultures et des échantillons d'autres plantes diverses étaient groupés dans la Section serbe.

Les expositions qui se signalaient le plus à l'attention des visiteurs nous ont paru être celles de l'ÉCOLE ROYALE SERBE, du MINISTÈRE DE L'AGRICULTURE ET DU COMMERCE, du DÉPARTEMENT PODOUNAVLIÉ et de la SOCIÉTÉ D'AGRICULTURE SERBE.

TABLE DES MATIÈRES.

COLONIES FRANÇAISES ET PAYS DE PROTECTORAT.

www.ingramcontent.com/pod-product-compliance
Lightning Source LLC
Chambersburg PA
CBHW062033200326
41519CB00017B/5018